U0155036

河南省教育厅人文社会科学重点研究项目【教社科（2017）734】成果

河南大学历史文化学院资助出版

存故与鼎新：

近代开封城市人文景观研究

（1840—1949）

张保见 高青青 著

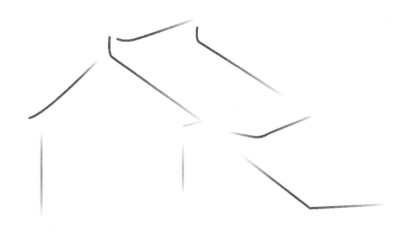

四川大学出版社

SICHUAN UNIVERSITY PRESS

图书在版编目（CIP）数据

存故与鼎新：近代开封城市人文景观研究：1840—
1949 / 张保见，高青青著．— 成都：四川大学出版社，
2022.8
　ISBN 978-7-5690-5613-6

Ⅰ．①存… Ⅱ．①张… ②高… Ⅲ．①城市景观—人
文景观—研究—开封—1840-1949 Ⅳ．① TU984

中国版本图书馆 CIP 数据核字（2022）第 133453 号

书　　名：存故与鼎新：近代开封城市人文景观研究（1840—1949）
　　　　　Cungu yu Dingxin: Jindai Kaifeng Chengshi Renwen Jingguan Yanjiu(1840—1949)
著　　者：张保见　高青青

选题策划：何　静　张伊伊
责任编辑：张伊伊
责任校对：毛张琳
装帧设计：墨创文化
责任印制：王　炜

出版发行：四川大学出版社有限责任公司
　　　　　地址：成都市一环路南一段 24 号（610065）
　　　　　电话：（028）85408311（发行部）、85400276（总编室）
　　　　　电子邮箱：scupress@vip.163.com
　　　　　网址：https://press.scu.edu.cn
印前制作：四川胜翔数码印务设计有限公司
印刷装订：四川盛图彩色印刷有限公司

成品尺寸：170 mm×240 mm
印　　张：9.25
字　　数：154 千字

版　　次：2022 年 8 月 第 1 版
印　　次：2022 年 8 月 第 1 次印刷
定　　价：58.00 元

四川大学出版社
微信公众号

目 录

绪　论

开封地处中原，是著名古都，也是区域中心城市，在中国城市历史发展中具有代表性，其近代转型具有内陆城市的典型性，值得关注之处颇多。

一、选题缘由

欧洲有句谚语说："上帝创造了乡村，人类创造了城市。"城市作为人类建设家园和改造自然最集中的地方，既是一种空间现象，又是一种历史景观现象。正如著名城市史学家芒福德所说："城市通过它集中物质的和文化的力量，加速了人类交往的速度，并将它的产品变成可以储存和复制的形式。通过它的纪念性建筑、文字记载、有秩的风俗和交往联系，城市扩大了所有人类活动的范围，并且使这些活动承上启下，继往开来。"[①] 典型城市，往往是这一代表性论述的具体生动体现。

开封，一座具有悠久文化的历史古城，是战国时期的魏国，五代时梁、汉、晋、周，以及北宋、金，共七朝的古都，历经沧桑，长期作为区域政治、经济、文化中心，集中体现出城市的出现、发展、鼎盛、衰落、变迁等各种特征，具有很强的典型性，在中国城市发展史上地位举足轻重。

作为著名古都，都城时期的开封历史历来是学术界研究的重点，其中北宋时期的东京城是重中之重，成果蔚为大观。研究内容涉及城市选址、交通、布局、商业经济、风俗文化、气象气候等，以周宝珠《宋代东京研究》、程遂营《唐宋开封生态环境研究》、程民生《北宋东京气候编年史》，以及日本学者加

---

① 刘易斯·芒福德：《城市发展史——起源、演变和前景》，倪文彦、宋俊岭译，北京：中国建筑工业出版社，1989年版，第417页。

藤繁《宋代都市的发展》、梅原郁《宋代的开封与城市制度》、久保田和男《宋代开封研究》、伊原弘《中国开封的生活与岁时——宋代城市生活绘卷》等较有影响。明清以来，城市发生剧烈变化，更具有样本意义时，我们发现此时的开封已难以吸引学人的目光，研究成果稀少。在开封城市发展具有转型意义的近代，相关断代研究更为罕见，作为城市最为直观和引人注目的人文景观研究，几无发轫，不能不说是一大憾事。

本书将开封的城市研究集中于近代，是因为它是开封城市发展的重要转折点，这一时期开封依然是河南省的政治、经济、文化中心，是中原地区的典型城市代表，其城市人文景观具有不同以往的时代特征，其变化发展呈现出创新性。

清末民初，随着西学东渐影响的逐渐深入，以及中国资本主义的进一步发展，中国城市的传统功能逐渐转化，城市面貌日益更新。这一时期，开封涌现出了大批优秀的中西结合式建筑，具有现代意义的城市基础设施纷纷建立，火车、汽车、公园、路灯、图书馆、百货商店、剧院等先后出现，城区面貌得到很大改观，城市人文景观类型不断丰富，开封近代城市雏形逐渐显现。民国时期，在复杂的国内外环境中，由于开封具有重要的军事战略地位，城市的经济建设和社会发展都要从属于战争需要，这在一定程度上影响了开封城市的经济发展，延缓了城市的近代化进程。在战争中，开封大量的文物古迹和城市建筑遭受损毁，城市面貌遭到严重破坏。此外，这一时期，开封城区面貌也得到了不同程度的改造，开封城市人文景观的时代性更为突出。

城市人文景观的变化在很大程度上体现了城市的兴盛衰落，研究开封近代城市人文景观的"变"与"不变"，系统挖掘转型中的开封城市面貌和景观特色，对于丰富开封城市研究具有重要的学术价值。

2005 年，开封"走向世界"，登上了美国《纽约时报》，这篇题为《从开封到纽约，辉煌如过往云烟》的文章，以独特的视角，道出了人类城市的兴衰，同时也引起了人们关于当代城市发展的思考。一方面，改革开放后的几十年，中国城市化建设成果非常显著，城市面貌日新月异。城市化推动了中国的现代化进程，城市公共基础设施、交通、绿化等都在城市化的进程中逐渐改善，但随着城市化进程的不断推进和西方模式化城市建设方式的引入，城市整体景观趋向于同质，由此出现了"千城一面"的危机。另一方面，城市在"大发展"的同时，也造成了"大破坏"和"建筑魂的失落"。① 所以城市人文景观如何契合城市风貌、表现城市文化内涵，如何与城市的历史文化相辅相成，这是我们在城市化发展过程中需要认真思考的问题。

开封作为国家首批"历史文化名城"，拥有较为丰富的历史人文景观，但在城市建设中，为了配合城市的整体规划，大量的文物古迹被拆毁，古老的街巷逐渐消亡。所以，如何解决城市"建设"与"保护"之间的矛盾，是城市发展面临的首要问题。目前，开封市拥有一百多处重点文物保护单位，其中大部分都已被开发为旅游景点，但随着旅游开发力度的逐渐深入，文物的保护面临巨大威胁，而公众文物保护意识的缺乏则进一步加大了文物保护工作的难度。此外，我国对于文物保护的相关法律法规尚未健全，文物保护的财力、人力相对匮乏，一些文物因疏于管理和维护而被破坏。为了解决这一难题，我们希望在加快城市化步伐的同时，能够保留历史文化名城的传统特色，使其城市既在传统中不失活力，又在城市化中不失特色。

目前"郑汴一体化"战略正在大力实施，在此过程中，开封被明确地定位为"文化、旅游、教育和居住的中心"。在这一目标的指引下，开封市政府采取了"旧城保护、改造和新区建设相结合，以建设为主"的方针，在一定程度上调节了"保护"与"建设"之间的矛盾，同时也加快了开封城市化建设的步伐。此外，在开封旧城保护、改造的过程中，以马道街、鼓楼等为代表的历史街区正在塑造着开封独有的"民国风"，所以研究近代开封城市人文景观，总结其经验教训，对于推动"郑汴一体化"进程，促进开封旅游业发展，以及旧城保护、改造的实施，都有着重要的现实意义。

作为在河南大学工作、学习的开封人，强烈的故土情怀以及对家乡城市的了解促使笔者选取这一研究课题。逛夜市、吃小吃、品茶听戏……是开封人的日常，也是这座城市的特色。回望过去，开封拥有深厚的文化底蕴，昔日繁华的东京城是这座城市的骄傲回忆，但是对比国内城市发展现状，开封城市发展的状况令人担忧。一方面，开封深居平原内陆，工业发展相对迟缓，工业和农

---

① 参见国际建筑师协会：《北京宪章》，载《中外建筑》，1999 年第 4 期。

业发展不协调，经济发展动力不足且相对滞后。另一方面，近年来，随着市政建设的推进，开封独具特色的街巷胡同以及很多具有时代标记的建筑相继被拆除。高楼多了，马路宽了，但是"开封"的形象却越来越模糊了。这好像是当代很多城市的通病，不过好在开封"病"得不重。因而，笔者希望能够借此机会去探索近代开封的城市特色，并借此为古城的开发与保护略尽绵薄之力。

二、研究综述

近代作为开封新旧交替的一个重要时期，见证了开封城市的近代化历程，已引起了学者的关注，民国时期开封城市研究取得了一定进展，研究类别逐渐丰富，出现了一些值得关注的成果，主要集中在以下几个方面。

第一，关于城市史的研究。李长傅以时间为序，对开封城市的发展、衰落、新生以及地理环境的变迁进行了论述，对近代开封的政治、经济、文化、交通发展概况进行了分析，学术价值较高，但内容较为简略，对民国时期开封的研究不够深入。① 《开封城市史》② 及《开封史话》③ 同样以时间为序，详细论述了开封城市的发展过程，其内容相较于李长傅的《开封历史地理》更为翔实。其中《开封城市史》在相关章节介绍了近代开封城市文明的缓慢发展，包括管理体制、经济、文化、人口等各方面的内容，对研究近代开封具有重要的参考价值。在《揭秘开封城下城》④ 一书中，考古工作者刘春迎披露了开封城下城的考古成果，为研究开封城的起源、发展、鼎盛、衰落等提供了宝贵的考古资料。在该书中作者还深度剖析了黄河对于开封"城摞城"奇观形成的影响，因而该书被誉为黄河历史的城市版。此外，《开封考古发现与研究》⑤ 总结了近年来开封考古的成果，为研究开封城市提供了更多参考。《老开封：汴梁旧事》⑥ 从历史的深处进一步挖掘开封城市的魅力，其内容包括历史人物、名胜古迹、文化、民俗等，但较为浅显。武明军注意到清代道光年间水灾对开

① 李长傅：《开封历史地理》，郑州：河南大学出版社，2001 年版。
② 程子良、李清银：《开封城市史》，北京：社会科学文献出版社，1993 年版。
③ 单远慕：《开封史话》，北京：中华书局，1983 年版。
④ 刘春迎：《揭秘开封城下城》，北京：科学出版社，2009 年版。
⑤ 丘刚：《开封考古发现与研究》，郑州：中州古籍出版社，1998 年版。
⑥ 屈春山、张鸿声：《老开封：汴梁旧事》，郑州：河南人民出版社，2005 年版。

封城市发展的影响，并论述了开封近代教育的兴起。①

李润田详细论述了开封城从春秋战国到明清时期发展演变的历史地理原因，认为人文自然地理条件和社会经济基础是城市发展的重要条件，其中社会经济条件对城市的发展起着决定性作用。② 王发曾《开封市的衰落与振兴》一文具体阐述了开封城几经盛衰的政治、经济、交通等方面的原因。③ 马华以郑州、开封为例，论述了城市工业化、城镇发展、城市交通、人口、生活方式、价值观念等对于城市化发展的影响。④ 孙盛楠以开封水系为主要的研究视角，从自然环境、物质空间和历史文化三个方面，分析了开封城市水系的衰退对开封城市特色的影响。⑤

第二，对文物胜迹的研究。开封是国家首批历史文化名城，文物古迹众多，这方面的著述丰富。新中国成立之初，李村人根据在开封听到的传说和收集的史料，编写了《开封名胜古迹散记》⑥，对一些名胜古迹进行了考证补充，具有一定的学术价值，但内容较为简略。随后熊伯履和井鸿钧合编的《开封市胜迹志》⑦ 出版，该书较为详细地阐述了开封所存古迹及其修复情况，具有一定的学术价值。此类书籍还有很多，如郭瑞钧《开封名胜与特产》、熊伯履《相国寺考》、刘卫学《全真探秘：开封延庆观》、詹鸣燕《开封革命遗址通览》等。此外，开封市地方史志办公室曾也编写了大量相关著作，例如《开封风物大观》《开封名胜古迹志》等。这些著作大多是以介绍说明为主的通俗读物，学术性不强。

第三，对城市建设及建筑方面的研究。近年来，随着开封城市的发展，这方面的研究成果较多。吴卫华分析了开封建筑的类型以及特色。⑧ 范莅对开封

① 武明军：《明清开封城市研究》，河南大学博士学位论文，2015 年。
② 李润田：《开封城市的形成与发展》，载《河南大学学报》（自然科学版），1985 年第 9 期。
③ 王发曾：《开封市的衰落与振兴》，载《城市问题》，1986 年第 2 期。
④ 马华：《民国时期河南的城市化发展——以开封和郑州为例》，载《平顶山工学院学报》，2006 年第 6 期。
⑤ 孙盛楠：《从历史水系变迁看开封城市特色塑造》，河南农业大学硕士学位论文，2014 年。
⑥ 李村人：《开封名胜古迹散记》，郑州：河南人民出版社，1957 年版。
⑦ 熊伯履、井鸿钧：《开封市胜迹志》，郑州：河南人民出版社，1958 年版。
⑧ 吴卫华：《开封近代建筑》，载《中州建设》，2007 年第 5 期。

近代建筑的基本风格、风貌、类型、布局、文化价值等方面进行了详细的梳理。[①]《开封市近代建筑与城市发展》[②]进一步指出了开封近代建筑的价值以及对城市发展的重要作用。田慧娟将开封近代公共建筑的发展划分为不同的时期，并着重分析开封近代公共建筑的特点。[③] 此外，河南大学近代建筑群作为民国时期"西学东渐"的产物，特色鲜明，是历来研究的焦点之一。李芳对河南大学近代建筑群形成的社会原因及历史背景进行了详细的分析，从建筑学的角度简要剖析其建筑形态产生的内在原因等，对于正确认识河南大学近代建筑群的价值具有重要的意义。[④] 左满常高度评价了河南大学的近代建筑，认为河南大学近代建筑群是中国折衷主义的代表，在河南省的教育建筑中有着不可取代的地位。[⑤] 吴朋飞指出龙亭的形成与清代开封城市湖泊的形成演变关联密切。[⑥]《冯玉祥与民国时期河南地区的公园建设》一文涉及开封相关议题，简明扼要。[⑦] 石俊杰等回顾了民国时期开封八卦楼监狱的发展历程。[⑧] 仇玉莹对开封市国民革命阵亡将士纪念塔周边环境的演化进行了详细分析，并给出了保护与利用方案。[⑨]

第四，城市景观研究。近年来，随着开封旅游业的发展，城市景观研究取得了较大进展。周学雷对明代开封城的景观要素进行了详细评析，认为城市景观与国家权力的维度、伸张高度相关，明代开封城市景观对于社会生活秩序的

---

① 范莅：《开封近代历史性建筑的保护与利用》，河南大学硕士学位论文，2011年。

② 黄华、张雪峰、高磊：《开封市近代建筑与城市发展》，载《中州建设》，2003年第7期。

③ 田惠娟：《河南开封公共建筑研究》，湖南大学硕士学位论文，2008年。

④ 李芳：《河南大学近代建筑群特征分析》，河南省文物建筑保护研究院：《文物建筑》（第6辑），郑州：大象出版社，2003年版。

⑤ 左满常：《河南大学近代建筑群述评》，载《河南大学学报》（自然科学版），2004年第2期。

⑥ 吴朋飞：《清代开封城市湖泊的形成与演变》，中国地理学会历史地理专业委员会《历史地理》编辑委员会：《历史地理》（第三十辑），上海：上海人民出版社，2014年版。

⑦ 赵刚、郭阳：《冯玉祥与民国时期河南地区的公园建设》，载《文物建筑》，2018年第0期。

⑧ 石俊杰、高合顺、李颖：《民国时期开封八卦楼监狱的兴建及历史变迁》，大连市近代史研究所、旅顺日俄监狱旧址博物馆：《大连近代史研究》（第15卷），沈阳：辽宁人民出版社，2018年版。

⑨ 仇玉莹：《开封市国民革命军阵亡将士纪念塔及其周边环境的保护与利用研究》，河南大学硕士学位论文，2019年。

形成有着重要的作用。①《1988～2002年开封城市景观格局变化研究》② 一文，从景观生态学出发，揭示了城市景观对于现今城市景观优化以及土地合理利用的作用，认为城市景观对于解决现今城市生态破坏、环境污染等问题都具有重要意义。在水体景观研究方面，吴小伦《水环境变迁与城市建设：以明清开封"八景"为例》③ 以明清开封"八景"为基础，分析水域环境变迁对"八景"形成的影响。《开封市水域景观研究》④ 对开封城水域景观类型和特征进行了系统的分析，并就开封水域景观格局的形成及其演变展开探讨，对于开封水域景观开发与保护有着重要的现实意义。《开封水体景观的由来与现状调查研究》⑤ 一文，对开封水体景观的来历进行了系统梳理，指出"宋都水系工程"存在的问题以及解决措施，对于现今开封水体景观的塑造具有重要的参考价值。《基于居民认知的城市水域景观保护和开发利用研究——以开封市为例》⑥基于居民对城市水域开发的意愿与看法，对现今开封城市水域的开发与保护展开详细的探讨。此外，《探索开封景观文化的历史延续》⑦ 一文，从开封皇城景观文化入手，认为开封在打造"景观化城市"方面具有得天独厚的条件。《试析北宋东京南北御街街道景观》⑧ 运用美国学者凯文·林奇的理论，对宋都御街各段的界面、节点、小品及人的活动这四大景观要素进行分析，展示出北宋东京城由开放的街市制代替封闭的里坊制后的城市面貌。贾婧对晚清民国时期的开封电影放映业进行了研究。⑨

此外，孙圣杰等人以书店街为例，采用问卷调查、数据分析等方法，提出历史文化名城传统文化街区构建，要在交通、保护、娱乐、产业以及文化影响

① 周学雷：《明代开封城市景观价值研究》，郑州大学硕士学位论文，2004年。
② 张明亮：《1988～2002年开封城市景观格局变化研究》，河南大学硕士学位论文，2004年。
③ 吴小伦：《水环境变迁与城市建设：以明清开封"八景"为例》，载《兰台世界》，2013年第2期。
④ 曹新向：《开封市水域景观格局演变研究》，河南大学硕士学位论文，2004年。
⑤ 吴朋飞：《开封水体景观的由来与现状调查研究》，载《中国名城》，2014年第9期。
⑥ 曹新向：《基于居民认知的城市水域景观保护和开发利用研究——以开封市为例》，载《现代城市研究》，2008年第12期。
⑦ 魏薇、段练孺：《探索开封景观文化的历史延续》，载《美与时代》，2009年第1期。
⑧ 李合群、尹家琦：《试析北宋东京南北御街街道景观》，载《开封大学学报》，2009年第1期。
⑨ 贾婧：《中原光影：民国时期开封电影放映业研究》，载《中外影史》，2020年第1期。

力等方面下功夫。[①] 吴阳通过对书店街文化基因传承路径的讨论，分析历史街区的发展需要把握住保护和发展的平衡点。[②]

从以上开封城市研究成果来看，数量可观，内容广泛。但就城市人文景观来讲，研究内容较为分散，系统性的研究成果较少，近代时期的开封城市人文景观研究成果则更是寥寥。这种状况，为本课题的开展，提供了一种学术史上的衔接可能。

---

① 孙圣杰、苏湖菁、连亚敏、张佳鑫、张业：《历史文化名城传统文化街区构建研究——以开封市书店街为例》，载《现代商贸工业》，2018年第12期。
② 吴阳：《开封市书店街文化基因传承路径研究》，载《美与时代》，2020年第6期。

第一章

开封城市的历史传承

开封简称汴，古称大梁、东京、汴京，地处华北平原的东部，北濒黄河，西依郑州，南与周口、许昌毗邻，东与商丘和菏泽接壤。东经 113°32′～115°02′，北纬 34°12′～35°01′，属温带大陆性季风气候，全年平均气温 14℃，年降水量为 627.5～727.9 毫米，冬季多偏北风，夏季多偏南风，气候温和，四季分明。地势平坦，地形有沙丘、平地、洼地三种类型。全市总面积为 6444 平方公里，辖五区四县，常住人口为 500 万。开封地处中原腹地，地理位置优越，境内河网密集，自古就有"五门六路，八省通衢"之美誉，因而又被称为"四战之地"。

一、近代以前的开封城市

开封是中国著名古都，是中华文明的发祥地之一，有着悠久的建城史，在中华文明的发展与传承中扮演着重要的角色，并发挥着十分重要的作用。而在其漫长的发展历程中，开封先后经历了数个重要的发展阶段，城市发展几经变迁。其间，黄河对于开封城市发展一直是一个重要影响因素。

（一）历史沿革

开封城市至迟在春秋时期已经出现，郑庄公在开封建启封，"汴故城，郑庄公筑，以开拓封疆为名"①。郑庄公在此筑城，以储粟、屯兵，进而称霸中原。为保证军队粮草供应，又在今开封陈留镇西南七十里筑城，"郑庄公理开

---

① 参见开封市祥符区地方史志办公室：《清光绪二十四年新修祥符县志整理本》，内部资料，2015 年。

封，东南筑此城积仓粟，因名盛仓城，盛与石音相似，故号石仓城"①。

战国时期，魏迁都于此，开封城市发展进入重要阶段。公元前四世纪中叶，魏惠王迁都于新里城附近，命名为大梁。魏惠王实行了一系列的改革，促进了大梁的商业、农业、交通业发展，自此开封成为重要的水陆交通都会，奠定了日后开封城市的基础。

公元前 225 年，秦灭魏。秦在此设浚仪县，属三川郡。汉代，为避景帝刘启的名讳，遂改"启"为"开"，启封县更名为开封县，这就是"开封"一名的由来。公元 576 年，因城临汴水，而改名为汴州。隋朝，隋炀帝为加强对南北的控制和物资的运输，命人开挖大运河。大运河西通河洛，南达江淮，汴河由此成为大运河最主要的河段，汴州成为隋朝在东部的门户，开封的城市地位得到提升。

唐朝是开封城市发展的重要转折点。公元 781 年，节度使李勉对汴州进行了大规模的扩建和重筑。当时李勉为加强自身防守，以对抗其他强大的藩镇割据势力，不得不重筑并扩大城市规模。据史料记载："东京，唐之汴州，梁建为东都，后唐罢之，晋复为东京，国都因其名。旧城周回二十里一百五十五步，即唐汴州城，建中初，节度使李勉筑，国朝以来号曰阙城，亦曰里城。"②此外，李勉修汴州桥，圈汴河一段入城，使得汴河漕运通畅无阻，这就进一步促进了汴州城的发展。唐德宗贞元十四年（798），董晋对开封城再次进行营建，修筑了汴河东西水门。韩愈《汴州东西水门记》对此次修筑进行了详细描述。李勉、董晋对开封城的营建，使得开封城市有了较大发展，并为宋代开封的繁荣鼎盛奠定了坚实基础。

五代的后梁、后晋、后汉、后周依次在此建都，开封城市地位得到提升，城市建设取得显著成果。尤其是后周时期，周世宗柴荣勇于进取，在位期间，对开封城进行了有规划的建设，其中包括扩大城池规模、拓宽道路、加大城市绿化、完善城市排水功能等，城市面貌有较大改观。此外，他还打破了中国传统的城坊分离制度，允许临街开设店铺。这为北宋东京商业的繁荣提供了条件。

---

① 乐史：《太平寰宇记》（卷一），北京：中华书局，2009 年版。
② 徐松：《宋会要辑稿》（卷七六九九），北京：中华书局，1957 年版。

作为北宋都城，开封是当时全国的政治、经济、文化、交通中心，这是开封城市发展的黄金时期。宋初即对东京城进行了较大规模的营建，分为外城、里城、宫城。外城是对外防御的主要屏障，共有 12 座城门。里城即唐代汴州城，周长 20 里 155 步，共有 10 座城门。宫城即大内，又称皇城，原为唐宣武军节度使治所，共有 6 座城门。外城和里城为居民区和商业区，宫城位于里城中央偏西北方向。是时商业高度发达，都城外店肆、手工业作坊星罗棋布。北宋政府的园林建设、寺庙建设、城市绿化都取得了显著成果。《东京梦华录》记载了北宋御街的绿化情况："宣和间尽植莲荷，近岸植桃李梨杏，杂花相间，春夏之间，望之如绣。"[①] 北宋对开封周边河流的有效管理，使得东京城的水运交通条件进一步提升，汴河、五丈河、蔡河、金水河等河流的水运交通状况得到根本好转，开封城出现了四水环汴的盛景。

北宋末年，北边的女真族逐渐强盛，不断派兵南侵。公元 1127 年，北宋亡，康王赵构在南京应天府改元建炎，建立南宋，不久迁都临安。开封的都城地位丧失。

南宋建立后，宋金关系紧张，战火不断，开封城市面貌破坏严重，"时京城外不复有民舍，自保康门至太学，道才数家，太学廊庑皆败，屋中惟敦化堂榜尚在。军人杂处其上，而牧彘于堂下。惟国子监以养士，略如学舍。都亭驿栋牌犹是伪齐年号。琼林苑敌尝以为营，至今作小城围之。金明池断栋颓壁，望之萧然也"[②]。

金贞元元年（1153），完颜亮为加强对中原地区的控制，将国都迁至燕京，并对开封城进行营建，开封提升为陪都，"乙卯，以迁都诏中外，改元贞元。改燕京为中都，府曰大兴，汴京为南京，中京为北京"[③]。正隆六年（1161），完颜亮迁都汴京。同年完颜亮被部下杀害，金世宗将国都迁回燕京。金宣宗贞祐二年（1214），为躲避蒙古入侵，金将国都再次迁于汴京，前后历经宣宗、哀宗二帝。完颜亮对开封城内的皇宫进行了大规模营构，宣宗、哀宗在此基础上又进行修建，开封内城规模不断扩大。1233 年，蒙古军攻克汴京，开封城

---

① 伊永文：《东京梦华录笺注》（卷二），北京：中华书局，2006 年版。
② 李心传：《建炎以来系年要录》（卷一二九），北京：中华书局，2013 年版。
③ 脱脱等：《金史》（卷五），北京：中华书局，1975 年版。

市面貌尽毁，开封作为金朝都城的历史宣告结束。

元代初期，由于开封地区自然灾害频发，城市发展缓慢。随着元代社会的逐步稳定，元统治者对开封城进行了修缮，城市面貌得到改观。1351年，贾鲁治理黄河，疏通了汴河附近的蔡河（后名为贾鲁河），使得漕运经淮河和贾鲁河便可直达朱仙镇，朱仙镇由此成为开封的外港。水运交通环境的改善促进了元代开封城市的经济发展。

明代是开封城市发展的重要时期。公元1368年，朱元璋建立明朝，定都南京，开封改名为北京，作为明朝陪都。1378年，明太祖取消开封的北京称号，封第五子朱橚为周王，建藩开封。明朝统治者对开封城墙、城门以及城内建筑进行了大规模营建。开封城分为土城、砖城、周王府萧墙、紫禁城四重城垣。土城即北宋东京外城。砖城是在金汴京里城基础上修葺而成，规模宏大。据记载："内有砖城一座，高五丈，敌楼五座，俱有箭炮眼，三方四正，十六邪。大城楼五座，角楼四座，星楼二十四座，俱按二十八宿布置，样铺十座，窝铺五十四座，炮楼十座，周围四千七百零二丈，垛口七千三百二十二，城兵一百五十名……环城海濠口宽五丈，底宽三丈，深二丈。"[①] 周王府原为宋皇宫旧基，筑有萧墙和紫禁城两道城垣。开封在明代大一统的安定背景下，城市经济、交通、文化都有一定程度的发展，城市面貌得到改观。

明末战乱，李自成围攻开封一役，时"开封城北十里枕黄河"[②]，引黄助兵重演，开封城再次遭受灭顶之灾。

经受明末兵燹与黄河决口灭顶之灾的开封城，在局势并不稳定的顺治朝，起色不大，由当时的河南省、开封府、祥符县各级衙署分驻杞县、辉县、封丘、陈桥镇等地，而不是集中于开封城中，"城内庐舍茅瓦各半，乡野瓦房仅十之三耳"[③]，可窥其衰败情况。

开封在清代的发展转机，出现在清朝统治逐渐稳固的康熙时期。康熙元年（1662），开封城墙在明代原址上重筑加高，五座城门、城内大街干道依旧。此后，各级衙署陆续迁回，居民逐渐增加，城市慢慢复苏。康熙二十七

---

① 孔宪易校注：《如梦录》，郑州：中州古籍出版社，1984年版，第1~2页。
② 谷应泰：《明史纪事本末》（卷三四），北京：中华书局，1977年版。
③ 计六奇：《明季北略》（卷一八），北京：中华书局，1984年版。

年，在城垣上增修了城楼角楼。是时，"巡抚阎兴邦修城中市廛，辐辏处惟汴桥隅、大隅首、贡院前、关王庙、鱼市口、火神庙、寺角隅、鼓楼隅为最盛。关厢有五，西关、马市街称首，南关次之"①。唯城内低洼，积水无法排干，四隅水泊。

乾隆四年（1739），巡抚雅尔图奏请开挖干河涯，通惠济河导涡河，积水得以外排。但城内低洼地带仍积水成湖②，如龙亭坑、徐府坑、包府坑等，奠定了今开封城内主要湖泊的分布格局，而这些地方原为明代的周王府、一些作坊及繁华的商业街区。也就意味着较之明末，清代前中期开封城市规模未变，"实用面积却缩小了"③。不同的是，在重建过程中，旧有的周蕃王府消失，开封出现了城中之城里城，也叫满城，满城中居住者多为满族或蒙古族人。

各个历史时期，开封城市反复变化，历经发端、兴盛、衰败、再兴盛、再衰败、逐渐恢复的过程，究其原因，除了错综复杂的社会环境外，不可抗的自然因素也是影响开封城市发展的重要因素。

（二）黄河对开封城市发展的影响

一句"开封盛也黄河，败也黄河"，深刻道出了黄河对开封城市发展的影响。黄河与开封城的盛衰息息相关，它在一定程度上决定了开封城市的发展轨迹。李润田等认为，自战国时期的魏到北宋时期，黄河是有利于开封城市向上发展的，而在金元明清以及民国时期，黄河是制约开封城市发展的。④ 不同历史时期黄河对开封城市发展产生了不同的影响。

黄河对开封城的有利影响主要表现在水运交通方面。公元前 364 年魏惠王在迁都大梁后不久，便组织人工开挖运河鸿沟，"荥阳下引河东南为鸿沟，以通宋、郑、陈、蔡、曹、卫，于济、汝、淮、泗会"⑤。鸿沟工程从荥阳引黄

① 管竭忠修、张沐纂：《开封府志》（卷九），康熙三十四年刻本。

② 湖泊的成因，参看吴朋飞：《清代开封城市湖泊的形成与演变》，中国地理学会历史地理专业委员会《历史地理》编辑委员会：《历史地理》（第三十辑），上海：上海人民出版社，2014年版。

③ 程子良、李清银：《开封城市史》，北京：社会科学文献出版社，1993 年版，第 186 页。

④ 李润田、丁圣彦、李志恒：《黄河影响下开封城市的历史演变》，载《地域研究与开发》，2006 年第 6 期。

⑤ 司马迁：《史记》（卷二九），北京：中华书局，1959 年版。

河水入圃田泽，成为济水、汝水、淮水、泗水连接的纽带，开封的水运交通条件得到极大提升，开封由此成为著名的水陆都会，农业生产条件得到改善，城市经济得到发展。魏末，秦将王贲引鸿沟水灌城，魏国灭亡，大梁城由此遭受重创，以至于几百年后司马迁仍将其称为"大梁之墟"。

隋朝，隋炀帝组织人工开挖大运河。通济渠作为其中最为重要的一段，从洛阳引洛水、谷水至黄河，再从荥阳引黄河水经开封后，下至淮河。汴州由于位于通济渠的咽喉地带，成为南北运河的交通枢纽，城市地位得到提高。

至宋代，开封水运交通条件进一步完善，以汴河、金水河、五丈河、蔡河为主的四河漕运，使开封迅速成为"四水贯都"的国际大都会。北宋后期，因国力衰退，战争纷繁，政府又疏于管理，汴河逐渐淤塞。

在战国至北宋这段时期内，开封逐渐发展为享誉世界的国际大都会，这与黄河的恩泽有很大关系。但事物往往是利害并存，北宋灭亡后，黄河对开封城市发展的制约作用逐渐明显。

这种制约主要表现为黄河水患。首先，这与黄河自身的特点是分不开的。黄河是世界上含沙量最高的河流，古人曾用"号为一石水而六斗泥"来描述黄河。其次，北宋灭亡后，南宋与金在黄河与淮河附近多次发生战争，政府无暇顾及黄河的治理，黄河改道南下入淮，自此，开封水患不断。据统计，从金明昌五年（1194）至清光绪十三年（1887）的近700年间，黄河在开封及其邻近地区决口泛滥达110多次，最多时每年一次，最少也是十年必泛。① 而在此期间，开封城曾7次被淹没。

此外，黄河常年的泛滥，导致开封部分地区出现了土地沙化、盐碱化等现象，这严重影响了开封的农业发展，同时也极大地削弱了开封城市经济发展的原动力，而这种生态破坏的影响持续至今。

我们可以看到，黄河水患严重阻碍了开封城市的发展，并对开封城市人文景观的塑造及城市变迁产生了重大影响。

---

① 李润田、丁圣彦、李志恒：《黄河影响下开封城市的历史演变》，载《地域研究与开发》，2006年第6期。

二、近代开封城市发展演变

近代是中国城市发展的重要转折点。明朝中后期，在中国南方手工业发达的城市中，已出现资本主义萌芽，并在清代进一步发展。晚清时期，西方的坚船利炮打开了中国大门，国人逐渐从天朝上国的美梦中苏醒，有识之士开始探索中国的富强之路，中国的资本主义有了进一步发展，中国城市开始了近代化转型。城市近代化对开封城市发展产生了重要影响，主要表现在以下四个方面。

（一）城市生产职能的加强

中国城市的传统功能一般包括政治、经济、交通。政治功能对城市发展起着决定性作用，但南宋以后，随着中国经济重心的南移，城市的经济功能愈加重要。在生产上，城市主要以消费为主，周边地区为城市提供了必要的生产资料和生活资料。近代，随着外国资本的疯狂扩张，以及国内实业救国思潮影响的逐渐深入，城市工业逐渐建立，城市的经济功能逐渐凸显，城市功能结构出现明显调整，城市功能结构的变迁成为城市近代化的重要方面之一，近代的工业化实质上是产业城市化，和城市产业化过程，城市第一次成为社会生产的重心所在。[①] 城市便利的交通和密集的劳动力，为大规模的机器化生产以及产品流通提供了条件，从而促进了城市生产中心的形成。

开封是一个古老的消费型城市，传统思想较为浓厚，受西方资本主义经济的直接影响较小，近代工业起步较晚，自 1898 年河南兵工局在开封建立近代第一家工厂河南机械局开始，受到政治形势、战乱、市场等各种因素的影响，步履维艰。民国以来，情况略有改观，特别是第一次世界大战期间，中国的民族资本有了进一步发展，开封近代工业建设取得了一定成绩，开封城市生产能力得到提高，城市的生产功能进一步增强。

（二）近代交通方式的转变

交通功能是城市最基本的一项功能。近代是开封交通事业发展的新时期。

---

① 乐正：《城市功能结构的近代变迁》，载《中山大学学报》，1993 年第 1 期。

1785 年，瓦特改良蒸汽机，人类正式步入蒸汽时代，人类交通方式由此发生巨大转变。中国的第一条铁路是在 1865 年修建的，《春冰室野乘》记载："同治四年七月，英人杜兰德，以小铁路一条，长可里许，敷于京师永宁门外平地，以小汽车使其上，迅疾如飞"，"此事更在淞沪行车以前，可为铁路输入吾国之权舆"①。此后西方帝国主义国家为便于掠夺资源和倾销商品，在中国大肆修建铁路。

开封交通近代化始于由比、法投资兴建，1907 年通车的汴洛铁路（开封到洛阳）。汴洛铁路西经郑州与卢汉铁路衔接，后被拓展为陇海铁路，自此开封可东达徐州，并与津浦铁路相连。在此后的近代化进程中，汽车货运、客运、公共汽车、飞机场等也纷纷出现。这极大地促进了开封商品经济的发展，加快了开封城市的近代化步伐。

（三）城市管理体制的改变

在近代化进程中，随着城市功能的丰富，传统的城市管理体制已不能适应城市发展的需要。清末，开封依然保持着传统的管理秩序。在行政上，开封依然实行府县同城的行政管理制度，城内设开封府，下辖 30 个县。进入民国以后，旧有的封建制度被废除，原有的行政管理体制被更换。民国二年（1913），开封废府改道，下辖 38 个县，并设豫东道观察使。1914 年，改豫东道为开封道，所辖范围不变；又改祥符县为开封县，并设有总务、内务、教育、实业四科。民国十六年（1927），实行省、县制。同年，再次在开封设置"开封市政筹办处"。民国十八年（1929）11 月，国民政府组织成立开封市，市政府下设有财政、市场、工务、土地、教育五个科室，并设有秘书处，开封的现代政府管理组织初具规模。

（四）城市规划与建设

近代中国城市功能的转变在城市建设上体现得最为明显。民国时期，尤其是冯玉祥两次主豫期间，非常注重开封的城市建设，开封的城市建设发生了明显变化。马路、公园、图书馆、市场、百货大楼等具有现代意义的公共设施纷

① 李岳瑞：《春冰室野乘》，上海：世界书局，1929 年版。

纷出现，开封城市的近代化面貌逐渐形成。

1928 年，开封市政筹备处第三科绘制了《开封市设计图》，即开封市城市规划图（如图 1－1 所示）。该规划图将开封市区进行了简单的功能分区，其中包括居住区、工厂、商业区以及城周绿化带等。后因各种原因，该设计并未实现，但该图依然具有里程碑式意义，它在一定程度上明确了开封近代的城市功能分区，以及城市的建设内容，对之后的开封城市规划、建设产生了深远影响。

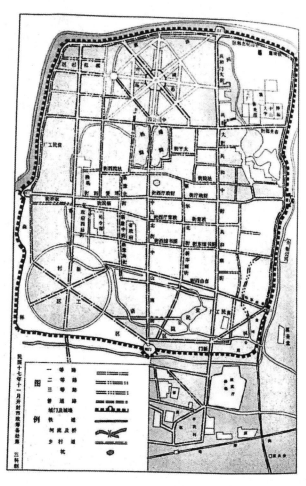

图 1－1　民国十七年（1928）开封设计图（引自《开封市土地志》卷首）

本章小结

总体来说，开封经历了春秋时期的初步发展，战国时期的第一次繁荣，秦到魏晋南北朝时期的低谷，隋唐的兴起，北宋的繁荣，金元之后的逐渐没落，明清的缓慢发展数个阶段。在此过程中，黄河对开封城市发展产生了重要影响，成为影响开封城市兴衰的重要因素。清末民国时期，开封加入了近代化的行列，城市功能有了明显改变，城市近代化发展初具成效，但经济发展滞后、社会动荡、战争等因素的长期存在，严重阻碍了开封城市的经济发展。

第二章

存故与鼎新：近代开封城市人文景观

近代是开封城市人文景观发展的新阶段，出现了大量具有近代化特征的城市人文景观。本章以时间为节点，将 1840 年前已存在的景观称为存故景观，而将此后新建的且具有近代化特征的景观称为鼎新景观。

一、相关概念界定

"必也正名"，在问题讨论之先，有必要对相关概念予以界定。

（一）城市

城市是一个较难准确界定的概念。从一般意义上讲，城市通常被我们理解为人口密集、工商业发达的地方。城市是相对于农村而存在的。城市和农村是人类不同的生存空间类型，与农村相比，城市的结构更复杂、功能更多样。城市在人类的发展进程中扮演着重要的角色，是人类物质文明的载体，是人类物质文化财富的集中表现，同时也是一个错综复杂、包罗万象的社会经济实体。著名的历史学家汤因比说："城市是众多具有个性的集中居住的地方。"李铁映将城市定义为："城市是以人为主体，以空间利用为特点，以聚集经济效益为目的的一个集约人口、集约经济、集约科学文化的空间地域系统。"① 《简明不列颠百科全书》认为，城市是一个相对永久性的高度组织起来的人口集中的地方，比城镇和村庄规模大，也更为重要。《中国大百科全书：建筑园林城市规划》指出，城市是"依照一定的生产方式与生活方式把一定地域组织起来的居民点，是该地域或更大腹地的经济、政治、文化中心"。从以上定义来看，城

---

① 李铁映：《城市问题是个战略问题》，载《城市规划》，1983 年第 1 期。

市因研究学科的需要不同，其定义也就不同。城市从字面上来讲是"城"与"市"的组合词，"城"主要指用城墙围起来的地域，用于防卫，"市"指用于交易的场所，而城市的形成往往是"因城而市"，或"因市而城"。

综合分析，笔者认为，城市就是以从事非农业产业和非农业人口聚居形成的人类生存空间，具有一定的地域范围，且是该地域的政治、经济、文化、交通中心。

（二）景观

景观一般泛指具有审美价值的景物，它最初用以指风景、景致、景色，这是人们从视觉美学的角度对景观的理解。19 世纪初期，德国著名地理学家洪堡第一次将景观概念引入地理学中，并将其定义为"某个地球区域内的总体特征"[1]。美国地理学家索尔认为景观就是地球表面的基本地域单元，用以代替区域或地区。[2] 美国景观生态学家 Wiens 认为："景观是由不同数量和质量特征的要素在特定空间上的镶嵌体。"[3] 国家《森林公园总体设计规范》对景观的解释为，将景素按美学观点完美结合而构成的画面，通过人的感官获得的美的感受。综上所述，景观和城市一样都是很难厘清的概念，从不同的视角或学科来认识景观，其含义也就大相径庭。

笔者以为，景观就是具有一定物质属性的"景"和受人类意识形态主导的"观"的统一体。景观是人类在大地上留下的烙印，人类通过与自然、他人的接触，将自己的需求、理想等通过景观转变为现实的物质财富。

（三）城市人文景观

城市人文景观，又称城市文化景观，这一学术性词语是逐渐从景观、城市分离出来的。广义上讲，一切景观都与文化有关，因为实际上所有的景观都在某种程度上受到人的行为和知觉的影响。[4] 地理学家们对文化景观下了不同的

---

① 王兴中：《旅游资源景观论》，西安：陕西出版社，1990 年版，第 57 页。

② 吴翠燕：《区域旅游景观偏好研究——以沈阳为研究区域》，沈阳师范大学硕士学位论文，2007 年。

③ Wiens J A, et al. Ecological mechanisms and landscape ecology, Oikos, 1993, pp. 369－380. 笔者译。

④ 参见戴代新、戴开字：《历史文化景观的再现》，上海：同济大学出版社，2009 年版。

定义。苏尔认为："文化景观是附加在自然景观之上的各种人类活动形态。"①
李旭旦认为："文化景观是地球表面文化现象的复合体，它反映了一个地区的
地理特征。"②

我们认为城市人文景观是指城市中由人类参与设计、建造并能体现一定文
化社会需要的景观。其中包含地产、公园、校园、纪念物、景观公路、工厂
等。本书对城市人文景观研究的地理范围主要以 1948 年的开封城区图为参考，
超出该图范围的区域暂不作为研究对象，但对于一些特别重要的城市人文景观
也一并收录。其时间段以近代为主，其中包括近代故存的城市人文景观以及新
建的城市人文景观。

在人文景观类型划分上，因为城市景观是由城市实体建筑、城市空间要
素、基面、小品等组成，所以本书根据其构成，将其划分为建筑、街巷交通、
园林等类别。其中，建筑类除文物建筑外，其他景观又根据当时的建筑用途进
行细化分类；文物胜迹类建筑景观由于所跨历史较长，变动较大，因而以景观
的价值为依据，将其认定为文物，并划入文化系统。

二、晚清时期的开封城市人文景观（1840—1911）

晚清时期，开封城市发展经受了两次大的冲击，一是水灾，二是近代文
明，人文景观随之有所改变。

进入 19 世纪 40 年代，近代开封城市历史由黄河开篇。清道光二十一年
（1841）六月十六日，黄河在开封城西北的祥符张湾三十一堡决口二十余丈，
"戌刻，水抵城下。登城一望，月光照耀，势如滚雪，一喷数丈。四面声如雷
如钟，顷刻河水大至"③。次日晨，城外平地水深过丈，"黄水弥望无际，四顾
不见村落。沿城壕一带，大柳树皆径十围，干杈俱没，曹门层门瓮城内水深丈

---

① Sauer，Carl O. Rencent Development in Cultural Geography，Hayes EC，ed. Recent
Development in the Social Sciences，New York：Lippincott，1927. 笔者译。

② 李旭旦：《人文地理学》，上海：中国大百科全书出版社，1984 年版，第 223~224 页。

③ 痛定思痛居士撰、李景文等点校：《汴梁水灾纪略》，开封：河南大学出版社，2006 年版，
第 1 页。

余，二重门水已侵入，渐渐有声"①。

开封城墙"外砖内土，雉堞本不甚高，年久未修，砖灰剥落，多有损裂之处，难禁水泡"②，故洪水最为严重时，曹门以北城墙出现倾塌渗漏，水门洞及南门先后过水，南门铁裹门扇亦被冲走。洪水"由南门溢入，分东西二股。西由城根注西南坡，经臬署、抚署、城隍庙、行宫，逾西北，至龙亭、满营，与东水合。东由城根入蔡河，折而东北，逾宋门、曹门，经县学、梓潼阁、司备仓、相国寺、七神庙、眼光庙、三官庙、铁塔寺，至北门，与西水合。深及丈余，庐舍淹没，人皆露居城上"③。城内灌水五昼夜，除东北隅高处几条大街及布政使署、粮道署、开归道署、开封府署、河南贡院、铁塔寺附近外，其余如乾隆行宫、河南巡抚署、按察使署、祥符县署、参游守备署、满城、龙亭等处均泡于水中，"深八九尺、四五尺、二三尺不等"④，祥符县学宫"积水深四五尺，官舍俱已倾圮，惟大成殿无水"⑤，民房亦大量倒塌。

洪水入城后，尽管民众生活艰难困苦，然为堵塞城墙缺口，保护城市，官兵民仍能齐心协力，有钱者出钱，有力者出力。为了筹集物料，"重价买砖外，或买民间破屋，或拆毁废庙"，不得不大量拆除庙宇公房，甚至民居，"逮废庙破屋尽行拆售，购无可购，至拆城上垛墙及校场、贡院等公所砖石，以应猝需"⑥。据《汴梁水灾纪略》记述，道光二十一年（1841）七月初二，"拆城角望楼及城垛。自是以后，城四隅望楼及城垛次第拆尽，皆与城顶土平。北门、西门、南门敌楼皆拆毁，仅余木架覆席片做官棚"。十五日，"校场、演武厅及孝严寺并附西北城庙宇，早被拆尽。大相国寺公寓内玲珑太湖山石及寺中石栏俱毁碎抛向城外。至是，复拆贡院外供给房"。十八日，"拆贡院经房。初以买

① 痛定思痛居士撰、李景文等点校：《汴梁水灾纪略》，开封：河南大学出版社，2006年版，第2页。
② 痛定思痛居士撰、李景文等点校：《汴梁水灾纪略》，开封：河南大学出版社，2006年版，第16页。
③ 沈传义等修、黄舒昺纂：《新修祥符县志》（卷六），光绪二十四年刻本。
④ 痛定思痛居士撰、李景文等点校：《汴梁水灾纪略》，开封：河南大学出版社，2006年版，第4页。
⑤ 痛定思痛居士撰、李景文等点校：《汴梁水灾纪略》，开封：河南大学出版社，2006年版，第14页。
⑥ 痛定思痛居士撰、李景文等点校：《汴梁水灾纪略》，开封：河南大学出版社，2006年版，第152页。

砖不给，拆武闱及各庙宇，犹不敷用，拆贡院外供给房，至是复拆十二经房。两主考房、内外监试、提调及各所房屋全行拆尽，砸死民夫凡二十余人"。八月初六，"时文庙积水犹深五六尺，移至圣木主于孟子游梁祠祀之"，又"拆贡院号房"。道光八年（1828），河南贡院因号舍矮窄，朽败不堪，官府倡议改造，劝士民捐资修建，"历三年之久，扩充号舍至一万二千间，高广甲天下"。至是，重建仅十年的"贡院为之一空，存者惟大门及明远楼、至公堂、至慎堂、文明堂及四周围墙而已"。十日，"挖东棚街阴沟石块。沟为明祥符知县王鹤龄制，以疏泄城内积水。至是，以大相国寺公寓山石充料不给，因挖之。自街东口起，西至糖房口以西，挖出石板皆长六七尺，宽二三尺，厚五六寸。石板下砌方石做墙，长如石板，厚二尺余"。

此次水害，至次年二月八日决口合龙，历时八个月，周边各县受灾严重外，水淹城池，历经顺治、康熙、雍正、乾隆、嘉庆数代惨淡经营的开封城，再次遭到沉重打击，城市部分建筑破坏严重，人文景观有较大改变。

洪水过后，官府倡议，民众筹款，开封经历了一次修建，七月兴工，二十三年（1843）九月完工。

首先是城墙及排水问题。道光二十二年（1842）正月，邹鸣鹤奏："西北西南一带城墙，非间段坍塌即大半鼓裂，女墙拆卸殆尽。东北东南虽较完整，而雉堞十去三四，鼓裂亦居其半。且沿城淤垫，城墙低不及丈，高亦只一丈有余"，"水门洞本为城内出水之路，今已内塞外垫，淤至二丈。而城内积水，四围形若巨湖。"① 据统计，此次洪水，城墙总计倒塌 16 段，长达 120 余丈。② 新修城墙"表砖里土，月城内外甃砖，周围计长四千二百三十五丈有奇。间敌台八十一座。曹、宋、北三门，门各三重。西、南二门，门各两重。大城楼五，月城楼八，四隅角楼各一。东南隅有魁星楼一"，"其上者加高一丈，益以女墙六尺"，"计甃砖根厚五尺，顶厚三尺；土城根厚四丈五尺，顶厚一丈五尺。合计根厚五丈，顶厚一丈八尺，高以二丈六尺为度，入于地者不计，月城之狭者广之，过卑者崇之"。涵洞予以拆修，升高三尺，开渠通惠济旧河，将

---

① 邹鸣鹤：《城工善后管见》，《世忠堂文集》，同治二年刻本。
② 参见程子良、李清银：《开封城市史》，北京：社会科学文献出版社，1993 年版。

城内积水泄出。并尽力恢复街市旧观，"城门内故各有庙，亦各新之"，"举凡浚池筑堤、修复贡院、校场更新，行宫、郡县、黉宫、武庙、大梁彝山两书院及庙之崇于祀典者，量为修复葺治"①。晚清开封城城墙、主要街道格局定型。

这种重建，对城市也只是一定程度上有所恢复，伴随着晚清整个时代的进展，政治腐败，外敌入侵，经济凋敝，民生艰难，开封的衰败不可避免。水灾中受到严重冲击的大相国寺，"公寓遭水后，逐岁倾颓，只存荒园一区"②，"奇峰峭壁为之一空，寺地淤沙三尺余，廊庑亦渐颓败，周遭红墙俱变为市廛民居"③，不复旧观，并日益衰敝，也成为晚清开封城市总体发展趋势，以及旧有人文景观变化的标本。

灾后开封城市人文景观发生的另一变化，就是近代化转型，表现为虽困难重重，但缓慢却坚定前进的近代文明的发展所带来的新式景观的呈现。

最先发生变化的，是传统商铺出售的日用货物中出现了一些机器制品，这些商品由上海、天津等城市口岸转运而来，并非本地生产，为传统手工制品占统治地位的开封市场带来了一抹新意。是后，作为中原地区最为重要的中心城市，开封成为外来物品的重要集散地，还吸引了大批外地商人。各类帮会、商会，如山陕会馆、陶布业会馆、厨业会馆、钱业会馆等纷纷成立，以代表自己的利益和表达自己的诉求。光绪三十三年（1906），河南商务总会在开封成立时，开封就有300多家商户入会。这类组织，具有传统商业行会向近代民间商业协会过渡的特点，是转型时代的体现。

晚清开封金融业也是近代转型的典型样本之一。传统的银钱往来，较为便利的汇兑方式，是依靠豪商富贾在汴开设钱庄、钱店发行的庄票，最多时有钱庄百余家。最早的官办地方金融机构是豫泉官银钱局，初名豫泉官钱局，光绪二十二年（1896）五月，在河南巡抚的主持下成立于北书店街。宣统元年（1909）二月，大清银行开封分行在开封马道街北口开业，是河南最早的国家银行分支机构。在此期间，大宗汇兑仍需仰仗晋帮票号。

---

① 邹鸣鹤：《修复城垣略》，《世忠堂文集》，同治二年刻本。
② 沈传义等修、黄舒昺纂：《新修祥符县志》（卷十三），光绪二十四年刻本。
③ 常茂徕：《相国寺纪略》，沈传义等修、黄舒昺纂：《新修祥符县志》（卷十三），光绪二十四年刻本。

由于受到外部世界的直接冲击较小，且本地封闭保守气氛较为浓重，开封本地近代工业的发展步伐要缓慢得多。第一家具有近代意义的工厂，是光绪二十四年（1898）河南兵工局在开封建立的河南机械局，主要制造步枪、子弹。光绪三十年（1904），官府又在开封南关创办铜元局，即铸币局。私营工业起于光绪三十一年（1905）民间集股银 2 万两创办的耀华火柴厂。宣统三年（1911），又建成大中火柴厂。光绪三十二年（1906），周惟义等投资20 万两，筹建了自来水厂。宣统二年（1910），魏子青联合杨少泉、杜秀升等集资本银 8 万两，在开封城外西南隅征地 50 多亩，开办普临电灯公司。宣统三年（1911），普临公司建成了开封第一座电厂，安装 60 千瓦发电机一部，后又安装一台 100 千瓦蒸汽机，供应鼓楼街、马道街、寺后街、书店街、西大街、土街、中山路至火车站的照明用电。满城驻防旗营衰败不堪，旗人不得不自谋生计，曾兴办工艺局、织布局等。织布局设有两个织布厂，位于镶白旗官街和镶红旗官街。

光绪三十三年（1907）三月，法国和比利时投资经营的汴洛铁路郑州到开封段建成通车，近代具有标志性特征的交通景观在开封出现。火车站附近的南关被开辟为商埠，煤炭、面粉加工、五金业、旅店、饭铺、商店等行当逐渐发展繁荣起来，在一定程度上改变了开封城市的实业版图。

随着服务行业和教育事业的近代转型，相应的人文景观也随之在有关领域得以体现。光绪十二年（1886），开封设立电报局。光绪二十六年（1900），开办邮政分局，创立官办市内电话。近代通讯业在开封兴起。光绪十四年（1888），开封开始有照相馆，标志着具有近代工业文明特征的照相业在开封出现。近代新闻业虽出现较晚，但也有所发展，报馆等新闻机构相继出现。1904年，河南巡抚陈夔龙创办《河南官报》。河南学务公所于 1906 年创办官方日报《开封简报》，1911 年改称《中州日报》；1907 年，创办河南第一家教育专业报纸《河南教育官报》。1907 年创办的以讲授各学科知识为主的《与舍学报》，以及发行的同盟会河南分会机关刊物《河南》，可视为民间办报的典型。

清末兴办新式学堂的风潮，影响了开封。1902 年，创设第一所新式学堂河南大学堂。1904 年，创办开封府中学堂。1905 年，将 15 所义塾裁并为 10所官立小学堂。创办了一批以培养师资为主的师范学校，如河南师范学堂、河南第二师范学堂、中州女子师范学堂等，以及适应经济社会发展需要的专业学校，如公立法政专门学校、公立农业专门学校、水利工程专门学校、私立体育专修学堂等。社会教育也受到重视，仅 1906 年就先后开办五所半日学堂，各高等小学堂内则附设有半夜学堂。

世纪之交，外国势力进入开封。来自英、美等国的美孚、亚西亚、德士古三大石油公司，自 1900 年起先后在开封南关等地开设分支机构，经营煤油、汽油、柴油和润滑油脂等，控制着开封石油市场。

明万历四十一年（1613），天主教传入开封。清代顺治、康熙年间有所发展，康熙五十四年（1715）禁绝。1902 年，天主教传教士再次进入开封。1905 年，在袁坑沿街路东购买民宅 30 多间，改建为教堂，恢复传教。

在地方士绅民众的强烈抵制下，尽管 1895 年起基督教内地会与长老会已经先后进入开封地域，但直至 1901 年，才在官府护持下得以进入城内传教，开封成为中国最后一个接受基督教传教的省会城市。次年，内地会在大纸坊街设立教堂。1905 年，内地会建成可容纳千人的礼拜堂一座，楼房一座，平房20 余间，占地七八亩。1906 年，浸礼会在鼓楼街购地，开始建设鸿恩教堂，教学楼、外国传教士住宅楼各一幢，平房几十间，1912 年完工。1908 年，浸礼会建双龙巷礼拜堂。1910 年，循理会在宋门里购地百亩，新建礼拜堂一座。同年，圣公会在大南门外购地百余亩，建设大楼。1911 年，圣公会购买行宫角路东土地一段，建设临街楼房。

为配合传教，各教会开展了一些附属活动，办学校、医院及实业。1905年，浸礼会在曹门里成立教会，开办小学，后在南关获得 400 余亩土地，新建三层大楼两座，西人住宅楼三所，并于 1909 年创办济汴中学。同时，开办牛奶场、羊场、种鸡场、妇女刺绣工厂、农业试验所等。1911 年，圣公会在河道街设立高小学校，在南关创办圣安德烈中学。

1901 年，内地会传教士医生金纯仁、金德氏夫妇进入开封，在大纸坊街教会施医舍药，西医西药正式进入开封。1906 年，他们在南关买地 16 亩，建楼房一座，平房数间，开办福音医院，内设礼拜堂，开封历史上第一座西医医院建成。1910 年，圣公会在大南门外购地，建设圣保罗医院，1913 年建成。

西医传入开封后，逐渐得到认可。1903 年，舒俊山等创办中西大药房，这是开封城第一家西药房，也是西药进入开封市场之始。1905 年，河南布政使司在山货店创办河南医学堂，设有西医科，开创开封西医教育。1906 年，鼓楼街开办一所卫生医院，这是国人自办的第一家西医院。1911 年，山货店街创办河南官医院，这是开封官办中西医兼备医疗机构的雏形。开封近代医药机构兴起并得到初步发展。

这些新建的近代化学校、医院、教堂、商店、工厂等，不少建筑的基干部分为钢筋混凝土构成，门窗采用西式，部分外形为西式，更多的为中西合璧式，坚固实用，宏伟美观，表现出与传统中式风格不同的异域景观特征。

近代工业文明的成果在晚清微弱地呈现在古老的开封大地，开封出现了城市转型的趋势，开封城市人文景观的近代特征由此显现。尽管一些近代化气象开始展现出强大的生命力，但值得注意的是，这些事物在当时的开封仍较为少见，整体上处在从属地位。

三、民国北京政府时期的开封城市人文景观（1912—1928）

1912 年，清帝退位，民国肇建，定都北京，中国进入民国北京政府时期。

（一）近代城市景观的扩增

1912 年，袁世凯任命其亲信张镇芳为河南都督，1916 年张镇芳等被赵倜取代，1922 年赵倜在直奉战争中兵败。1912 年至 1922 年可以视为民国北京政府在河南统治的前期。张、赵二人在督军河南期间，大肆扩张个人势力，掠夺社会财富，严重阻碍了开封城市发展。

这一时期，中国城市的近代化逐渐由沿海地区向内地延伸。开封的城市近代化逐渐深入，工厂、公园、图书馆、体育馆等凝聚着近代文明的城市人文景观纷纷出现，具有西方特色的建筑越来越多。但由于开封经济发展缓慢，工业和商业发展后劲不足，再加上城市管理者不注重城市建设，这些新出现的景观无论是在规模上还是在建筑价值上都尚未形成自身特色。所以，这一时期，开封城市旧有人文景观与新生的具有近代化特征的景观并存，具有近代意义的城市人文景观仅略有增加。这种状况，随着冯玉祥主豫而逐渐改变。

（二）冯玉祥主豫时期的城市景观

冯玉祥主豫期间，励精图治，采取了一系列布新除旧、利国利民的措施，开封市政建设取得丰硕成果，开封城市人文景观逐渐向近代化过渡。周恩来曾评价冯氏："焕章先生六十岁，中华民国三十年。单就这三十年说，先生的丰功伟绩，已举世闻名。"[①]

冯玉祥曾在 1922 年和 1927 年两次主豫。第一次主豫时（1922 年 5 月—10 月），他便颁布了十项大纲，内容包括赈恤灾政、清理财税、查办户口、整饬巡缉、查拿贪官、筹建实业、浚河筑路、禁黄赌毒、推行义务教育、力行剪发放足等。冯玉祥的这些举措，使开封社会风气得以净化，陈规陋习得以荡涤。

再次主豫（1927 年 6 月—1929 年 3 月）时，冯玉祥以"建设新河南"作为治理宗旨。当时河南经过军阀混战，穷困至极，城市建设步履蹒跚。在此情况下，冯玉祥克服重重困难，大力发展河南城市建设，开封的城市建设取得了很多新成就。

在公共服务建设方面，成果显著。据河南省政府统计，在 1928 年，开封已完成的建设有 33 项，在建的项目有 9 项。[②] 其中大部分是公共设施建设，如中山公园、开封市公园、开封市新公园、革命纪念园、省政府平民公园、中山纪念林等。此外，河南美术馆、平民图书馆、中山图书馆、动物园、戏剧院、博物馆等具有近代城市功能的公共设施也逐渐建立。在公共服务设施建设方面，冯玉祥有着非常独到的见解，他反对中国古人将花草养于私宅的做法，提倡修建公园。公园的建立，改变了外国人对中国"只有村庄，不见花草"的错误认知。此外，冯玉祥非常注重精神文化建设，在督豫期间，广设博物馆、图书馆、纪念馆等文化类城市公共服务设施。

在实业建设方面，冯玉祥注重振兴开封实业发展，虽成绩并不显著，但在一定程度上推动了开封的工业化进程。冯玉祥两次主豫期间，在开封创办工厂，并对原有工厂进行整顿扩建。初次主豫时，冯玉祥将开封原有的第一贫民工厂、第二贫民工厂、阜民工厂、模范工厂整顿扩建为省立第一工厂（今贡院旧址）、第二工厂（今北羊市街）、第三工厂（今东棚板街）、第四工厂（今贡院后铁塔附近）。1922 年，冯玉祥将没收的原河南督军赵倜的 4 万

---

① 周恩来：《寿冯焕章先生六十大庆》，载《新华日报》，1941 年 11 月 14 日。

② 参见河南省政府宣传处：《开封新建设一览》，内部资料，1928 年。

元赃款用来创办开封平民工厂（今南仓后边）和开封妇女习艺场（今后教经胡同）。1927 年，由于北伐军用浩繁，导致财政困难，为节省开支，开封的省立工厂进行了合并和改组。第一工厂、第四工厂合并为省立第一农器制造厂，第二工厂、妇女习艺工厂合并为省立妇女工厂，第三工厂改为第一织染厂。1929 年，受战争影响，各企业亏损严重，因此省政府决定将省立第一农器制造厂、第一织染厂、惠民工厂、平民工厂、妇女工厂合并为河南省立工业总厂。其中的惠民工厂（今财政厅街，原火神庙旧址）是 1928 年 3 月冯玉祥为满足群众对肥皂的需求设立的。后迫于环境和资金，许多工厂被迫停工。

在教育方面，冯玉祥非常重视平民的教育问题。在掌豫之初，他支持河南教育界同仁的教育经费独立想法。1922 年，冯玉祥初次主豫，针对河南一直没有高等学校的状况，他从没收赵倜的家产中拨出专款，用于建设中州大学。据 1923 年 1 月 23 日《晨报》报道，冯玉祥到汴，"乃将其（按：指赵倜）不动产，查抄没收，约值十万，制定作为开办中州大学之基本金。当时附近某军阀（指吴佩孚），却欲拉作军饷，冯氏不允，因此恼羞成怒，排抵冯，冯遂不安于位以去"。为解决一些学校的屋舍问题，冯玉祥命人将市内庙宇改建为学校，这在一定程度上促进了开封教育事业的发展。例如，今开封回民中学原来是东岳庙，开封二十七中原为送子娘娘庙。据 1929 年秋统计，河南省立学校有：大学 1 所，师范学校 7 所，高中 2 所，初中 14 所，女子中学 1 所，职业学校 5 所，小学 6 所，初级小学 5 所。另外，开封市尚有私立中等学校 7 所，民众学校 11 所[①]，其中大部分是在冯玉祥主豫期间修建的。

此外，冯玉祥主豫期间，还主持扩建了开封市医院（现为开封市第一人民医院）、八卦楼监狱（现为河南省第一监狱）等市政工程。

四、民国南京国民政府时期的开封城市人文景观（1928—1949）

蒋介石于 1927 年组建南京国民政府，随后宁汉合流，再度北伐，东北易帜，完成形式上的政令统一。1949 年，中华人民共和国成立，南京国民政府

---

① 参见李元俊：《冯玉祥在开封》，郑州：河南大学出版社，1995 年版。

的统治宣告结束。

（一）南京国民政府初期的开封城市人文景观发展

南京国民政府统治初期是开封城市人文景观持续稳定发展的重要时期。南京国民政府建立后，地方政府的争权夺利进入新阶段。1929年，蒋冯战争爆发，冯玉祥战败，被迫下野。国民党任命韩复榘为河南省政府主席，后阎锡山改派万选才。1930年，中原大战爆发，蒋介石取得胜利。同年5月，蒋介石派刘峙为河南省主席，并派兵入驻开封。开封进入近代化发展的稳定阶段。

从1928年到1936年，开封政治局势较之前相对稳定，城市建设持续发展。城市人文景观延续了冯玉祥主豫时期的发展趋势，出现了一些新的市政景观，河南省图书馆、华北体育场等市政工程相继完成。此外，这一时期，教育系统内的建筑景观有了进一步的发展，河南大学大礼堂、南大门、斋房等相继建成投入使用，河南水利专科学校、静宜女中等也相继成立。开封城市人文景观呈现出持续发展的趋势。

（二）抗日战争与解放战争时期开封城市人文景观

战争是人类的灾难，破坏力巨大。开封经历日本军国主义侵略的破坏，又是国共双方豫东战役的主战场之一，城市人文景观受到了很大影响。

1. 抗日战争时期（1937—1945）

抗日战争及日伪的统治造成了开封城市人文景观的极大破坏，使开封城市人文景观发生了很大变化。1937年七七事变后不久，战火便蔓延至河南。1938年6月，日军占领开封，在此后长达7年的日伪统治期间，开封工商业陷入萧条，人口锐减。开封的火车站、汽车站、工厂等被日本侵略者强行占有，很多城市建设被迫中断。日军的烧杀抢掠，给开封人民带来了巨大灾难，据不完全调查，从1938年开封地区（含周围五县）沦陷到1945年日本投降的7年间，开封地区人口总数从1987341锐减至1539108人，因战争因素直接死亡24840人，直接损失土地202万亩，房屋47万间，牲畜、衣物、生产工具、文物古迹等损失更不可计数，开封人民数百年间积累的财富损失殆尽，经济体系濒临崩溃。^① 战争使开封刚形成不久的近代城市雏形遭受重创，很多刚建立不久的公共基础设施被拆除，历史遗迹被损毁。

在街巷景观方面，图2—1为抗日战争时期日寇航拍开封城市图，由于年代久远，画质有些模糊，不能分辨出景观的具体概况，但可以大概了解开封当时的主要道路、湖泊、遗迹、房屋建筑的分布概况。由图中可见，龙亭前面被大片水域包围，而城市道路，如中山路、解放路、自由路等的具体走向都未发生重大变化。

图2-1　日寇航拍开封城市图（引自开封宋韵网）

2. 解放战争时期（1945—1949）

解放战争时期，本已残破的开封城市人文景观再次遭到破坏。据记载：在解放开封的战役打响之前，蒋介石的军队便强占了城内外的名胜古迹，如古龙亭、鼓楼、禹王台等地及河南大学校舍、南关邮政局等，河南大学农学院、面粉公司等建筑被敌军焚毁，蒋军在南关地区投掷大量的燃烧弹，以至于南关地区房屋大多化为灰烬，中山街、马道街、鼓楼街等均被纵火，商务印书馆、中西大药房、中国工业实业社等建筑均被焚毁。^② 蒋介石派来飞机烂炸一气，把

---

① 参见詹海燕：《铭记历史——中国·开封抗战史特辑》，北京：线装书局，2015年版。

② 参见中国人民解放军华北军区政治部：《解放开封》，内部资料，1948年。

学校、买卖家、老百姓家房子都炸坏不少，死伤了几万人。[①] 此番轰炸给开封城带来了毁灭性的破坏，很多历史遗迹在战争中灰飞烟灭。战争的极大破坏力严重影响了开封城市的发展进程。

图 2—2　1948 年开封城区图（引自《开封市土地志》卷首）

本章小结

本章对书中涉及的相关概念及空间范围进行了界定，并对研究类型的划分依据进行了说明。近代，社会经济、文化、科技的发展对城市面貌的更新产生了重要影响，开封城市人文景观不断更新。受政局和战争影响，此时期的开封城市人文景观呈现出鲜明的时代特点。晚清时期，洪水对开封传统人文景观进行了一次形塑，近代文明在人文景观方面有零星呈现。民国北京政府前期，城市人文景观基本上维持了清末原貌，但具有近代意义的城市人文景观已大量出

---

①　参见佚名：《关于解放开封消灭蒋匪八万》，载《翻身乐》，1948 年第 6 期。

现。随着城市近代化的深入，具有近代意义的城市人文景观逐渐扩展。冯玉祥的两次主豫，使开封的市政建设取得了很大成就，城市人文景观建设呈现出一片欣欣向荣的景象，并在南京国民政府统治时期，继续向前发展。但之后的抗日战争和解放战争打断了开封城市近代人文景观的发展，破坏了城市面貌，阻碍了开封城市的发展。

第三章

近代开封城市人文景观类型分析

笔者认为,城市人文景观主要由建筑、街巷街道、园林等景观类型构成。

一、建筑景观

建筑是城市景观最直接的物质实体,而城市正是在各种建筑物的组合下所呈现出的各种空间格局。由于城市是一个融合了自然、经济、社会、文化的复合生态系统,所以本书将建筑的研究分为经济系统、社会系统、文化系统、宗教系统四部分。工厂和商店等为经济系统,居住的社区、行政办公建筑、医院等为社会系统,而文物建筑、纪念馆、图书馆等归于文化系统,寺庙、教堂等建筑列入宗教系统。

(一)经济系统内的建筑景观

经济系统内的建筑景观可分为工业建筑、商业建筑、金融建筑、旅馆建筑四大类。

1. 工业建筑景观

工业革命是世界城市发展史上的重要转折点,它加快了世界城市景观的变化与发展。美国学者弗兰姆普敦曾说,在欧洲已有 500 年历史的城市在一个世纪内完全改变了。[①] 中国的工业起步较晚,工业革命对中国城市面貌的影响开始于近代,而开封因深处内陆,其工业发展则更晚。近代工业主要有官办和民办两种工业,清末民初以官办为主,后期民族工业逐渐发展壮大,其数量远超官办企业。

---

① 参见弗兰姆普敦:《现代建筑:一部批判的历史》,张钦楠等译,北京:生活·读书·新知三联书店,2004 年版。

1898 年开封第一座工业建筑——河南机械局在南门外竣工，此后，开封铜元局、耀华火柴厂、普临电灯公司、永丰面粉公司等相继建立。在官办工厂中，河南机械局和南关铜元局最为著名。河南机械局（今开封机械厂一带）建于 1898 年，由候补道李企昂创建，主要制造步枪、子弹，初建时规模较小。1931 年该厂停办，后被改建为开封炼硝厂，解放战争时毁于战火。南关铜元局建于 1904 年，厂内分设辗片、舂饼、光边、烧饼、印花、修机及管库所、核准所、铜元库、铜模处等机构。《河南官报》1905 年 4 月 1 日有实况报道："河南铜元局由沪上续购造胚重大机器，并聘用美国工程师蓝拨脱到局管理锅机件各事，并教导工匠，局后特建洋楼一座，四周花木。"两厂在民国二十六年（1937）先后停办，而有关两厂建筑景观的详细情况已无文献可考。

开封民办工业的出现为开封近代工业的发展注入了新鲜血液。1905 年耀华火柴厂在开封建立，这是河南省最早的火柴工厂。进入民国后，火柴工业因投资少、见效快而迅速发展起来。1913 年开封先后建立了鸿昌火柴厂、大中火柴厂、迅烈火柴厂。后因 30 年代日本廉价火柴的大量倾销，这些火柴厂纷纷倒闭。民国初期，开封电力工业建立。1911 年，开封商务会长魏子青等人集资在开封城西南隅征地 50 亩（今开封供电局一带），建立开封普临电灯公司，这是河南省第一家商办电力企业。电力工业的建立，对开封城市人文景观产生了重要影响，具有现代工业文明标志的电灯、电影、电话等纷纷出现，城市的近代化水平进一步提升。该厂初建时，因资金较少，厂房简陋，设备陈旧。后经多次改组，1938 年被日军侵占，后被国民党接管，最终于 1948 年停办。除此之外，开封的机器翻砂业、面粉业、印刷业、织染业、造胰业等在此时期也逐渐建立。

开封沦陷后，经济发展举步维艰，大量工厂倒闭，工业发展一度处于低迷状态。据统计，从 1898 年到 1920 年，开封官办企业陆续发展到 15 个；1909 年到 1920 年，开封先后建立有 30 个私营企业。30 年代，军阀混战，开封的工厂纷纷倒闭。1938 年到 1945 年，开封被日军侵占，工业遭受摧残，工厂仅剩 15 家。[1] 这一时期，开封的民族工业和中国的大多数工业一样，都存在着

---

[1]　参见开封市劳动局：《开封市劳动志》，郑州：河南人民出版社，1989 年版。

规模小、发展不平衡等问题。因而在本国封建经济和外国资本主义经济的双重压迫下，很多企业犹如昙花一现，尚未形成规模，便在襁褓中窒息。

　　在地理分布上，民国时期开封工业景观分布相对集中，城市工业区雏形基本形成。从图3-1中可见，南关火车站附近是近代开封工厂的主要集聚地，民国时期的一些重要工厂，如河南机械局、河南铜元局、天丰面粉厂、普临电灯公司、德丰面粉厂、耀华火柴厂等都位于南关区的火车站附近。这样小规模的集聚，在很大程度上是受交通发展的影响。

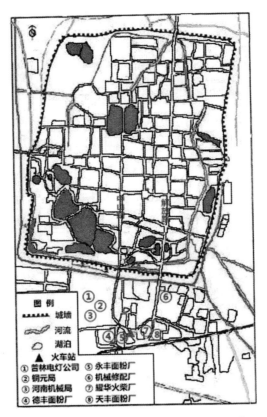

图3-1　民国时期开封南关区主要工厂分布图①

　　在建筑特色上，这一时期，虽然工厂的种类千差万别，但受西方工业文明的影响，其建筑风格大体相同，主要以中西结合样式为主。以当时较成规模的河南铜元局为例，其建筑主体以中国传统的青砖灰瓦为主，拱形门廊两

---

　　① 本书中未标明出处的图片均为笔者绘制或笔者所摄实景图。

侧有半圆形立柱，既具有东方古典之美，又不失西方建筑的端庄典雅。现今，河南铜元局仅存有大门一座（如图3－2所示），其他建筑在1949年后陆续被拆除。

图3－2　现今的河南铜元局大门遗址（引自网络）

2. 商业建筑景观

开封是典型的消费型城市，城市手工业较为发达。作为中原地区物资的集散地，商品种类繁多，商店林立，老字号广布。近代时期，受西方文化的影响，商业建筑景观在时代潮流中不断调整。一方面，随着社会的进步，开封出现了剧院、电影院、照相馆、美发店等新型业态。另一方面，商场和商店开始更加注重内外部的装潢设计，有些商场改变了原有的经营与运作方式，具有近代特征的大型商场在这一时期应运而生。在建筑风格上，出现了大量中西合璧式景观。在地理分布上，开封保持了原有的商业分布格局，新建商场及传统商业大都集聚于闹市区，如马道街、书店街、寺后街、土街等。

马道街东、西商场分别位于马道街南头路东和北头路西。西商场是河南第一国货商场的俗称，初建于宣统三年（1911），当时称为"劝业场"，后为抵制洋货，改为河南第一国货商场，主要经营日用百货。西商场共两层，为中西合璧式建筑，外观为长方形，南北长，东西窄，大门朝东，门首悬挂"河南第一国货商场"招牌，因紧挨相国寺，游客较多，生意兴隆。开封沦陷后逐渐走向衰落。60年代被拆除。东商场又名河南第二商场，规模较小，外观和西商场基本相同，1949 年后，被租用为工厂。

模范商场位于南土街，原名国货商场，是省内第一家国货商店，规模较大，景观特色鲜明，于 1928 年由冯玉祥主持修建。据当时拟建商场的有关资料，该商场（在开封城内南土街）系旧桐茂典当之房屋改造者。拟建花池、八角亭、草地、内市房、外市房等，内修中山俱乐部、阅报室、游艺室，共筑房数约一百七十间左右。[①] 该商店外形设计新颖，建筑面积约 4000 平方米，沿周呈八棱形状，东西南北各有一门，场内中央的华光影剧院是该商场的一大特色。商场内店铺林立，物美价廉，商场开业，顾客川流不息，繁荣兴旺。[②] 该商场在开封沦陷期间被改为菜市场，这在一定程度上破坏了景观的原貌。抗日战争结束后，被国民党河南省政府建设厅接管，更名为"模范商场"。1949 年后，经整修，以"模范商场"（如图 3－3 所示）为名重新开业。1985 年拆除。

万福楼位于开封市鼓楼街西头路北（现为河南航天家电股份有限公司），是近代开封著名的首饰店。该楼由犹太人石维峋和朋友于 1904 年筹建，共三层，整栋建筑运用西式的建筑风格，建筑正面有大量罗马风格的立柱，二楼修建一小阳台，整栋建筑庄重典雅，别具一格。万福楼当时主要经营金银首饰，因品种齐全、价格合理、服务良好等而备受顾客青睐。该楼在 1948 年解放开封的战争中被炮火击中，部分损毁。后经维修被继续用于商业店面使用。图3－4 为现今维修后的万福楼。

图 3－3　20 世纪 80 年代的开封模范商场（引自开封宋韵网）

图 3－4　现在的万福楼

---

① 参见河南省政府宣传处：《开封新建设一览》，内部资料，1928 年。

② 参见开封市政协文史资料委员会：《开封文史资料》（第十一辑），内部资料，1991 年。

中山市场是在相国寺的基础上建成的，原名相国寺市场，为冯玉祥主豫时期"废庙逐僧"政策的直接产物，是当时开封集商业、娱乐、游览等于一体的新型市场。相国寺市场由来已久，在北宋时期，据史料记载："相国寺每月五次开放，万姓交易。"① 民国初期，相国寺由于年久失修，殿宇残破不堪，佛事活动锐减。1927 年冯玉祥第二次主豫时，再次贯彻实施废庙逐僧政策，寺内僧人被遣散，寺内佛像、陈设等均被没收，相国寺继而被改造为中山市场。改造后的中山市场于 1928 年 3 月 15 日正式开放，市场内新建市房、商店门面、板棚等四百余间，"本市场以商店，娱乐场，及公共游览处所等部分所组成，关于商店：有布匹，国货，织染……饭馆，及其他一切商贩。关于娱乐场：有戏园，词曲，马戏……及一切动物游艺。关于游览处所，有平民休息处，平民公园，演讲处，民乐亭，革命纪念馆，美术馆，图书馆，游艺馆，实业馆"② 。此外，原山门外乾隆御书的牌楼匾额"敕修相国寺"被冯玉祥亲书的"中山市场"所替代（如图 3－5 所示）。两旁立石柱，书有"世界人类和平，中国民族自由"的对联。寺前的大照壁和过街牌坊均被拆除，山门被改为平民休息处，并设桌椅、报纸等。山门左右甬道开设小摊小铺，山门以北的空地被辟为平民公园，钟鼓二楼被改建为东西民乐亭，接引殿被改为平民演讲处，大雄宝殿被改为革命纪念馆，八角殿被改为河南美术馆，藏经楼被改为实业馆，东配殿被改为平民游艺馆，西配殿被改为图书馆，藏经楼后的放生池经填平后建中山舞台。

---

① 伊永文：《东京梦华录笺注》（卷二），北京：中华书局，2006 年版，第 363 页。
② 河南省政府宣传处：《开封新建设一览》，内部资料，1928 年，第 1 页。

图 3-5 改建后的中山市场大门（引自开封宋韵网）

此外，市场内还拥有四家戏院，"永安、国民、永乐和同乐这四家均是设在相国寺内的。我们由此可以知道相国寺中的戏院是占了开封城市的三分之一强"[1]。当时市场内还拥有电影院，"名称叫中安社日光电影院，地点是在中山市场一〇一号那间小屋内"[2]。开封沦陷后，日本侵略者将其恢复为佛教寺院。相国寺从寺院到中山市场再到寺院的过程，体现了时代的变迁，从商场名称到立柱标语，从场馆设置到设施布置，都充满了鲜明的时代色彩。现今大相国寺不仅是重要的佛教寺院，也是开封著名的旅游场所，附近依然为繁华的商业市场。

包耀记南货店是南京行商包耀庭于 1860—1870 年间兴建的糕点房，位于南书店街路东 55 号，主要经营南北特产和南味糕点。民国初期，该店铺在包耀庭之子包俊生的妥善经营下，生意逐渐恢复繁荣兴旺。抗日战争爆发后，

---

① 张履谦：《相国寺民众娱乐调查》，中国曲艺志河南卷编辑部编印，1989 年，第 1 页。
② 张履谦：《相国寺民众娱乐调查》，中国曲艺志河南卷编辑部编印，1989 年，第 236 页。

1938 年日军侵占开封，包耀记被洗劫一空。国民党统治时期，搜集了残余资金，勉强维持营业。[①] 现今，该店原址已改为他用。包耀记南货店（如图 3—6 所示）是开封典型的中西结合式商业建筑，该建筑面阔三间，共两层，南北长约 10.3 米，建筑面积 132 平方米。该建筑在两层楼上采用中国传统的女儿墙，并用中式的浮雕加以装饰，墙面用西式的扶墙方柱以增加立体感和层次感。该建筑现今保存完整，是开封优秀的民国建筑代表，也是近代景观的重要组成部分。

图 3-6 现今的包耀记南货店址 　　　　图 3-7 现今的晋阳豫南货店店址

开封晋阳豫南货店（如图 3—7 所示）位于南书店街路东 57 号，和包耀记相邻，1871 年由苏州商人唐禹平在徐府街创建。唐禹平后将商号卖给王渭春。1899 年，王渭春将店址迁于今书店街。该店面为砖木结构建筑，面阔五间，南北长 18 米，共两层。该店铺和包耀记南货店建筑风格相近，两层楼上有高三米的女儿墙，墙上饰有寿星、仙桃、龙等中国传统装饰纹样。这种中西结合的建筑方式是近代河南商业建筑的一大特色，其景观构造借西方之形，传中国之神的戏剧性效果，从另一个侧面说明民族传统文化的连续性。[②] 现今该建筑保存完好，已改为他用。

---

① 参见开封市政协文史资料委员会：《开封文史资料》（第十八辑），内部资料，2001 年。

② 参见河南近代建筑史编辑委员会：《河南近代建筑史》，北京：中国建筑工业出版社，1995 年版。

3. 金融建筑景观

近代以前，开封金融业主要以当铺、银号、钱庄为主，这类建筑景观基本上保持了中国传统的建筑风格。随着近代新型金融模式的出现，银行的数量急剧增加。特别是 19 世纪 30 年代，国民政府进行经济改革，控制了金融业，银行被收归国有，进而在各地广设分行。据统计，到 1936 年开封共有 7 所银行：1933 年建立的中央银行开封分行（鼓楼东街 41 号）、1913 年 4 月建立的中国银行开封办事处（北书店街 17 号，1928 年改为西北银行）、1909 年建立的交通银行开封支行（河道街东头路北）、1928 年建立的农工银行总行（北土街路西）、1931 年建立的上海商业储蓄银行开封支行（鼓楼街）、1933 年建立的金城银行开封办事处（南土街路西）、1934 年建立的中国农民银行开封办事处（书店街）。① 这 7 所银行中，有 4 所是 19 世纪 30 年代初期建立的。抗日战争期间，开封的银行随省府西迁而被迫停业，这些银行随之被代表日本利益的银行所取代。抗战胜利后，原来西迁和停业的银行重回开封，再次开张营业。

在地理分布上，这一时期的银行主要集中于鼓楼街、南北土街、书店街等较为繁华的街区。在建筑风格上，为凸显银行实力，以雄伟富丽的西式建筑为主。而在众多的金融类建筑中，农工银行大楼和金城银行开封办事处是其中的优秀代表。

河南省农工银行大楼是民国时期开封金融建筑的代表。该建筑由新乡同和裕银号总经理王宴卿于 1928 年修建，位于今开封市北土街南段路西。整座建筑采用西方古典式风格，布局精巧，东西长 36 米，南北长 15.6 米，建筑面积达 1341.3 平方米。该行分东西两楼，东楼为该行的营业厅，是砖木结构的三层小楼，立面为四根两层楼高的圆形立柱（如图 3—8 所示）。营业厅下为该行金库，营业厅西面为一天井院（如图 3—9 所示），西楼整体采用外廊式的建筑风格，共两层。该建筑至今保存完整。

---

① 参见河南近代建筑史编辑委员会：《河南近代建筑史》，北京：中国建筑工业出版社，1995 年版。

图3-8　河南省农工银行建筑正面图　　　　图3-9　河南省农工银行天井院

图3-10　金城银行开封办事处大楼（引自《河南近代建筑史》第88页）

　　金城银行开封办事处（如图3-10所示）建筑规模宏大，建筑特色鲜明。该建筑位于南土街路西，建于1933年。建筑主体为简洁的西式风格，砖木结构，窗户采用西式的券型窗，而直线线条的大量运用，进一步突出了建筑的简洁风格，是当时开封众多西式建筑中较为独特的景观建筑。现已无存。

　　4. 旅馆建筑景观

　　近代开封作为中原货物的集散地，来往客商较多，住宿需求较大，这在一定程度上促进了城市旅馆行业的发展。开封传统的住宿行业开始向酒店过渡，旅馆在这一时期应运而生。这一时期的旅馆为了节省占地面积和最大化地利用空间，在建筑外形上多采用西式的建筑风格，河南旅社、华阳春旅社（1938年被日机炸毁）、河南大饭店等是其中的代表。

　　河南旅社是当时开封具有标志性的景观，是当时河南最为豪华、规模较大的旅社。它位于今寺后街路北，兴建于1915年，是河南省第一个配有卫生间的旅馆。河南旅社占地1900平方米，建筑面积达3504平方米。起初仅有一层平房，1925年改建为两层临街房（如图3—11所示），1936年改造东院。该旅社客房设施配备齐全，提供热水，有卫生间，是当时政界要员来开封的首选住所。日伪时期，曾改名为帝国旅社，并进一步扩大，形成前、后、东三个院落。其临街房采用西方哥特式的建筑风格。现已无存。

图3—11　河南旅社（引自《河南近代建筑史》第321页）

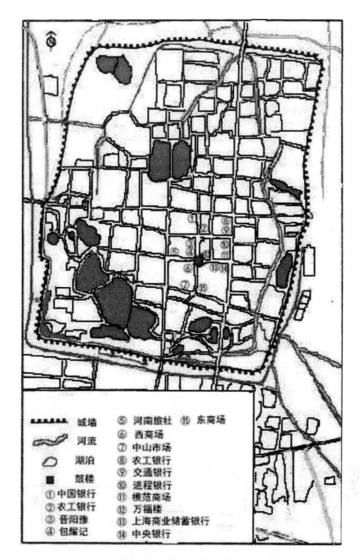

图 3－12　民国开封部分主要商业建筑景观分布图

　　近代开封规模较大、特色鲜明的商业建筑及金融类建筑主要集中于城市的
中心地带。如图 3－12 所示，老字号、银行、住宿行业等建筑分布较为集中，
基本上是围绕在鼓楼周边。这样的地理分布和开封传统的城市功能分区息息相
关。此外，这一时期的商业建筑具有鲜明的时代特征，在风格上，近代特别是
民国时期新建的建筑基本上以西式为主，其布局和内外部装饰皆受西方文化影
响，形成了独特的"民国风"。而有些创建较早的商业老字号，大多位于传统
的商业街区，其建筑风格以中西结合为主。

（二）社会系统内的建筑景观

社会系统内的建筑景观非常庞杂，涵盖了社会生活的方方面面。在此将其分为居民住宅、学校、医疗建筑、公共行政建筑四部分展开探讨。

1. 居民住宅

在地理空间分布上，城市居民住宅是城市建筑的主体部分，是城市空间的最大占有者。近代，开封作为较为封闭的城市，依然具有中国传统城市的普遍特征，因而居民住宅保持着"凡仕者近宫，不仕与耕者近门，工贾近市"的分布格局。由民国八年（1919）开封城区图（如图3—13所示）可知，开封城市居民住宅分布较为集中，城墙周边因多为河流、湖泊，居民区较少，城市中心地带是居民住宅的集中区域。

在建筑风格上，这一时期的建筑样式逐渐丰富，但其主体仍然保持着传统的建筑风格。图3—14和图3—15为民国时期开封大南门一带的街市图，可见当时街道两边的居民住宅样式依然以清末的四合院为主，建筑多采用硬山顶式的构造。此外，开封也出现了大量新式住宅。1928年春，冯玉祥到开封火车站附近视察，看到贫民的居住环境湿秽不堪，便在火车站东北角今面粉厂对面，一营房街东，购买荒地182.4公顷，建立平民村。这就形成了开封第一座经统一规划和建设的住宅区。该村专门提供给贫民居住，派专人管理。据记载："本村住舍建筑为椭圆形，四周房屋共二百八十四间，分内外四层，中间另筑平民休息室，平民学校，共有七间。"①后因贫民较多，又在车站西南另建民生村，规模、设施、布局和平民村大致相同。此外，随着外来人口流动频率的增加，开封出现了大量西式住宅，这些住宅的主人大多为来华工作的外国人。西式住宅的出现，对开封居民住宅风格的变迁产生了重要影响。

近代开封较有代表性的宅院主要有刘家宅院、田家宅院、许家宅院、张钫故居、红洋楼等。

---

① 河南省政府宣传处：《开封新建设一览》，内部资料，1928年，第27页。

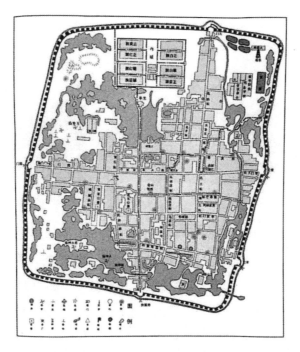

图 3-13　民国八年（1919）开封街市图（引自《开封市土地志》）

图 3-14　民国开封大南门居民区（一）

图 3-15　民国开封大南门居民区（二）

（以上两图引自开封宋韵网）

　　刘家宅院是一处规模较大、建筑特色鲜明，且具有教育意义的民居。它是尉氏县首富刘耀德及其妻子刘青霞在开封的住所，位于刘家胡同 2 号。刘青霞原名马青霞，是两广总督马丕瑶之女。年轻时，刘青霞曾赴日考察，接触了孙中山及同盟会，回国后为破刘氏家族瓜分其家产的阴谋，毅然将其相关财产充公，用于支持开封革命及教育事业。刘宅（如图 3-16、3-17 所示）建于清末民初，分为东西两宅，各为三进院，院后小花园将两庭院连接。整座建筑古朴优雅，保存完整。现今刘家宅院已被改为对外开放的刘青霞故居，以弘扬刘青霞的革命精神。

图3-16　刘家宅院俯瞰图（引自齐鲁社区网）　　　　图3-17　宅院内景

　　田家宅院是开封最具代表性的清式民居，也是开封保存较好的近代民居宅院。田家在咸丰时期先后出了三位进士，后田氏家族开始在乐观街大兴土木，兴建宅院。民国时期，田家在乐观街尚有三处宅院（老门牌为11、12、13）。后因家道中落，12、13号院卖于张钫。这两座宅院为清代风格，内部装饰相当考究。新中国成立初期，为开封市委所在地。后因改建厂房而被拆迁，现已无存。现存田家宅院位于今开封乐观街45号，建于1924年，是民国官绅田梁玉的住所。田宅坐北朝南，为三进四合院式建筑，房屋以木质结构为主，整个房屋采用青砖瓦面，保持了清代小式民宅的古朴风格。前院建有临街房屋5间，东西两侧有两间临街大门及过道，大门脊山高耸（如图3-18所示），顶部有各种装饰。北屋主屋建筑风格独特，明为3间，实为6间，中设楼梯，整栋建筑的柱、梁、檩、椽搭配相得益彰，精美的木雕随处可见。

图3-18　今田家宅院大门

　　许家宅院建于 1935 年，位于后保定巷 6 号，是开封商人许正源的住宅。原为中西结合式的三进四合院建筑，大门（如图 3—19 所示）为清式建筑，上有花脊饰头、垂脊扭头、方砖博风封山等装饰。院内建筑为砖木结构，有主屋（如图 3—20 所示）3 间，两侧各有一耳房，正脊为叠瓦花脊，垂脊为叠砖扣瓦，以青板瓦为屋面，门窗采用双扇玻璃平开窗、玻璃门扇，整栋建筑古朴优雅。民国时期，许氏宅院曾是王若飞、萧楚女等革命党人的活动根据地，因此具有重要的历史纪念意义。现今，该宅院的后院已被拆除，仅存前两院。

图 3—19　许家宅院大门　　　　　　　　图 3—20　许家宅院房屋

　　张钫故宅。张钫（1886—1966），早年曾加入同盟会，后参加辛亥革命，历任国民革命军第二十路军总指挥、河南省代主席、军事参议院副院长等。张钫任职期间在开封共留下三处故宅。第一座故宅位于乐观街，原是乐观街田氏家族的产业，为典型的清式四合院，和现今存留的乐观街 45 号院近同，共有 50 余间房屋，1949 年以后改为市委大院，现已拆除。第二处故宅位于山货街原 19 号院，是张钫于 1933 年购买的。该故宅也是清式三进四合院，现已无存。第三处故宅位于曹门里朝阳胡同路北 19 号，该处宅院亦称张钫公馆（如图 3—21、3—22 所示）。此处宅院原为民国开封首富王慰春的宅院，是清代风格的四合院住宅，共有 50 余间房屋，青砖蓝瓦，前廊后厦，门窗及屋内装饰极为考究。整座住宅气势宏伟，布局严谨，是民国时期居民住宅建筑的典型代表，具有重要的历史价值、建筑价值及美学价值。整座宅院保存基本完好，是省级重点文物保护单位。

图 3－21　整修后的张钫故宅　　　　图 3－22　整修后的张钫故宅内部

开封共有三处红洋楼，分别位于今开封禹王台公园、民生街、金梁里街，都为外国人所建，且都为外国人的住所。

禹王台内的红洋楼，是比利时人在 1905 年修建汴洛铁路时兴建的宿舍楼，俗称红楼（如图 3－23 所示）。民国时期，红楼先后被设为战地医院、河南农学院图书馆。红楼坐东朝西，用红色砖砌成，面阔 5 间，共两层，二楼砌花眼栏杆，整座建筑简洁优美。后因 1985 年火灾，楼内装饰被毁，原貌已不能重现，现被改建为婚俗博物馆。

图 3－23　修缮后的禹王台红洋楼　　　图 3－24　民生街东红洋楼（引自网络）
（引自网络）

民生街红楼，又叫开封邮政公寓，分为东、西两栋，由英国邮务长阿良西、丹麦会计长光器格等人于 1917 年修建。两栋建筑坐北朝南，占地 33.55 亩，建筑面积达 1430 平方米，为西欧 18 世纪的巴洛克风格。屋顶采用红色瓦，墙面以红色为主色调，又因时为洋人居住，因而得名"红洋楼"。两栋红洋楼均为地上两层，地下一层，内部门窗、地板等均以木质为主。东"红洋楼"（如图 3—24 所示）时为英国邮务长阿良西的公寓，建筑面积为 880 平方米。西"红洋楼"（如图 3—25 所示）当时是丹麦会计长光器格的公寓，平面呈丁字形，建筑面积 550 平方米。目前，这两栋建筑保存完好，是国家级重点保护文物。

图 3—25　民生街西红洋楼（引自网络）

金梁里街红洋楼，由美国传教士施爱礼于 1910 年兴建。该红洋楼占地 312 亩，共有大楼建筑 3 栋、小楼 8 栋、平房数百间。红洋楼当时是施爱礼传教、办学的重要场所。抗日战争期间，被日军占领。1949 年后作为部队营房。

开封这三处红洋楼外观精美，造型独特，见证了开封城市的近代发展。

以上介绍的居民住宅只是其中的特殊代表，普通百姓的传统居宅相对规模较小，内外部装饰简单，且受近代战争影响较大，据不完全调查，从 1938 年开封地区（含周围五县）沦陷，到 1945 年日本投降的 7 年间，直接损失土地 202 万亩，房屋 47 万间。[①] 解放战争期间，国民党军队在 1948 年对开封展开连番轰炸，不少居民住宅化为灰烬，传统的民居风貌被破坏。

2. 学校

开封近代教育发展较晚，是随着清末新政时各地"废科举，兴学堂"发展起来的。据统计，仅两年多的时间，开封兴办的学堂已达 30 所，分为小学堂、中学堂、高等学堂、专门学堂。据资料记载，当时的高等教育学生分为正科

---

① 参见詹海燕：《铭记历史——中国·开封抗战史特辑》，北京：线装书局，2015 年版。

40 人，预科 160 人，学习内容仍以四书五经为主，兼习西学，主要有人伦道德、经学大义、中国文学、体操、英语、法语、历史、地理（以上为主科），还有日语、算学、理化、博物、图画（以上补习）。① 清末新政改革奠定了开封近代教育发展的基础。民国初期，河南教育当局对开封学堂进行改组和合并，开封的近代教育体系进一步完善。当时开封的学校种类已非常齐全，受教育人群覆盖全面，囊括了高等教育、中学、小学、幼儿教育、职业教育、成人教育以及为聋哑人创办的特殊教育机构。此外，这一时期还涌现出大量由私人和教会创办的学校，达 50 多所。

冯玉祥主豫时期，开封的近代教育进一步发展。当时为破除迷信，大量庙宇被改建为学校，"如现开封回中校址是原来的东岳庙，打神像后先办东岳艺术师范，后办维新中学。现开封七中校址是原来的文庙，解放前为省立十小。现开封二十七中校址是原来的送子娘娘庙"②。此外，为提高国民素质，政府主持设置大量平民学校、教育讲习所等。近代开封先后创办有 11 所高等教育学校。在中小学教育方面，省立中学有 3 所，私立中学有 14 所，小学 72 所。因当时开封学校较多，下文仅选取规模较大、景观特色鲜明的部分学校进行论述。

（1）河南大学近代建筑群

河南大学近代建筑群是近代学校建筑的优秀代表，它经专人设计布局，营建质量上乘，集中西建筑风格于一身。河南大学前身为 1912 年创办的河南留学欧美预备学校（1912—1923），此后经历了中州大学（1923—1927）、中山大学（1927—1930）、省立河南大学（1930—1942）、国立河南大学（1942—1949）等不同的发展时期。河南大学位于开封城东北隅旧贡院（如图 3－26 所示），清朝覆灭后，这里便成为河南留学欧美学校的校址。开封《大中民报》1912 年 4 月 27 日报道："河南向少留学西洋学生，民国成立，培植人才最为要图，现在省城学界诸人拟发起一欧美留学预备科，专为留学欧美之预备，不久即可组织就绪矣。"初建时，校舍规模小且非常简陋，一

① 佚名：《光绪三十三年河南高等学堂一览表》，载《学部官报》，1907 年第 28 期。
② 李元俊：《冯玉祥在开封》，开封：河南大学出版社，1995 年版，第 69 页。

部分校舍由贡院改建而成。1915 年，学校始建第一座新式建筑——教学活动中心，后陆续兴建斋房，学校校舍达到二三百间，占地约 100 亩。1923 年，学校在冯玉祥的支持下改名为中州大学，进入了新的发展时期。到 1925 年，学校占地达 30 公顷，学校基址被划分为校本部、运动场、农事试验场、教职员住宅 4 个区域，并建成了 6 座宿舍、校医院和 7 号楼。1934 年建成大礼堂，1936 年兴建南大门，学校范围进一步扩大。

图 3-26　20 世纪 20 年代荒废的河南贡院（引自开封宋韵网）　　图 3-27　1936 年刚建成的南大门（引自开封宋韵网）

河南大学近代建筑群已被列为全国重点保护文物，包括南大门、6 号楼、7 号楼、大礼堂、12 座东西斋房。南大门（如图 3-27 所示）由李敬斋、徐心武设计，由时任校长刘季洪主持兴建。整座大门为牌坊式砖木结构，通高 10.39 米，东西长 13.4 米，进深 7.8 米。正中门洞高 3.7 米，宽 4.84 米，外形为拱形，包括中部大门及两侧的耳室。两侧门较小，宽 1.5 米，高 3 米，为方形门洞。门楼顶部采用了中国传统建筑中的庑殿顶形式，垂脊上设仙人走兽以点缀轮廓，屋顶下设有斗拱，门楣上横书"河南大学"四字，两梢的上下额枋间则饰以传统彩绘。

大礼堂（如图 3-28 所示）坐落于校园正中心，坐北朝南，由时任校长许心武设计。该建筑主体为重檐歇山屋顶，门庭上部为单檐歇山顶（脊高 15.3 米），门庭两侧的楼梯间覆盖卷棚歇山屋顶。平面外轮廓呈"凸"字形，南北长 57 米，东西宽 44.2 米（不包括四边伸出的台基），正脊高 24.45 米。整座建筑庄重宏伟，是河南大学的标志性建筑。

六号楼（如图 3-29 所示）是河南大学近代建筑群中最早的新式建筑。该楼原为两层，在 50 年代时改为三层。在建筑风格上，设计者大量运用了诸如柱式、券廊、线脚等西式建筑符号，这反映了当时中国的一种建筑设计思潮，同时也反映了西方文化的影响。

图 3-28　大礼堂

图 3-29　六号楼

七号楼（如图 3-30 所示）位于校园南北轴线干道中部西侧，是近代建筑群中规模仅次于大礼堂的建筑，由李敬斋先生设计并督建。七号楼为地上二层，半地下室一层，共三层，平面呈"工"字形。各层设有大小教室若干，间间明亮，采光极好。该楼四面各设出入口一处，入口雨棚采用卷棚顶形式，二、三层墙面贯以通至檐口的壁柱，柱间上下层窗间的墙面叠涩出小坡檐进行装饰分隔，施工精细，效果颇佳。

斋房（如图 3-31 所示）位于学校中心干道两侧。东边 10 座，西边 2 座，共计 12 座，由李敬斋设计，1921 年至 1936 年陆续建成并投入使用。斋房共三层，砖木结构，平面采用了内廊式布局，走廊端部为建筑出入口，饰以清式垂花门。垂花门两垂柱之间有形态各异的木雕花板，雕刻精细，图案生动。

图 3-30　七号楼

图 3-31　东边斋房

抗日战争时期，河南大学师生以各种形式积极地抗击日本侵略，为抗战的胜利做出了不可磨灭的贡献。开封沦陷后，学校被日军占用，学校师生将图书资料、教学仪器等进行转移，辗转各地，仍然坚持办学。解放战争之后，河南大学迁回开封校址。现今，河南大学近代建筑群保存完整，是学校最为夺目的景观。

（2）河南水利工程专科学校办公楼

河南水利工程专科学校建于 1929 年，是河海大学之后中国又一所专门培养水利人才的高校，现为黄河水利职业技术学院。该校初建时位于今开封市北道门街路西，原址为河南第一工业学校，1922 年时杨靖宇将军曾在此读书。1936 年，李敬斋主持设计该校的办公楼。该楼（如图 3－32 所示）采用砖木结构，占地 413.88 平方米，建筑面积达 826.76 平方米，房屋 40 间。该建筑采用中西结合的建筑风格，屋顶采用中国传统的歇山顶式，铺设灰瓦，正门楼立四根砖柱支撑，走廊建于室内。整座建筑古朴优雅，造型优美。可惜现已荒废，成为危楼（如图 3－33 所示）。

（3）开封静宜女子中学

开封静宜女子中学是民国时期著名的教会学校，规模较大，设施完备。它位于今开封双龙巷东段路北（今开封八中），是美国山林圣玛利主顾修女于1930 年主持修建的。当时的建筑面积约 3000 平方米，校内建筑均采用砖木结构，歇山顶式屋顶，铺设灰瓦，西式玻璃门窗。该校当时的主要建筑有大礼堂、教学楼、学生宿舍楼、饭厅及教师住宿办公楼等。现今，该校保留下来的有三处建筑，分别为学生寝室（如图 3－34 所示）、教学楼（如图 3－35 所示）、教师居住办公楼。其他建筑现已无存。

图 3－32　原河南水利工程学院办公楼（引自　　　图 3－33　办公楼现状
《河南近代建筑史》第 334 页）

图3-34 静宜女中宿舍楼（引自《河南近代建筑史》第333页）

图3-35 静宜女中教学楼（引自《河南近代建筑史》第334页）

（4）开封北仓女中

开封北仓女子中学因治学严谨和体育竞赛获奖无数而享誉省内外。民国时期受战争影响，几经辗转。该校于1921年由张中孚在老官街（现乐观街）创建，初为河南第一女子中学。同年，迁至三皇庙街，即今河南大学附属中学。据张中孚孙女张德华回忆："当时校名叫'河南第一女子中学校'，校址在老官街（现在名乐观街）民房院中，有四十来间房子。不久，由校董们向省财政厅申请，拨给了一处叫'丰豫仓'的官仓，做为学校校址，十一月学校搬了进去……因在城北，群众称之为北仓。到一九三〇年学校才改名为'开封北仓女子中学'"①。迁址后的北仓女中建有"礼堂、教室、会食室、工厂、游艺室、消费公社、图书馆、理化仪器室、接待室、沐浴室……职教员住室、学生寝室……大小共一百七十二间。学校面积约十六亩四分"②。通过图3-36、图3-37可见，该校房屋采取中西结合的建筑形式，采用拱形门廊和中式门窗，建筑主体简洁大方，又蕴含东方古典之美。抗日战争爆发后，北仓女中一度南迁，抗日战争胜利后，便搬回旧址。1949年后，改为公立学校。

① 曾克：《春华秋实——开封北仓女中回忆录》，郑州：河南人民出版社，1985年版，第4页。

② 曾克：《春华秋实——开封北仓女中回忆录》，郑州：河南人民出版社，1985年版，第330页。

图 3-36　北仓女中毕业生合影（一）　　　图 3-37　北仓女中毕业生合影（二）

（以上两图引自《春华秋实——开封北仓女中回忆录》卷首）

3. 医疗建筑

清末，开封的医院和药店以私人开办的诊所为主要形式，规模相对较小。民国时期，开封医疗机构主要分为官办、私办、教会医院三种。官办医院主要为上层统治者服务，所以数目较少；而私人开办的民间医疗由于数目多、价格便宜，成为当时劳苦大众医疗保障的主力军。中国传统的行医方式在近代以前都以中医为主，后随着西方传教士的涌入，西医开始在中国传播，并逐渐被国人所接受。

当时比较有名的中药店，有 1703 年创建于寺后街的葆豫堂、1795 年创建的天宁堂、1856 年创建的德润和参茸店等。这些药店在城市空间布局上很有特点，经营同类药品的店多集中于一地。乐仁堂、葆豫堂、同仁堂（通记）等大药店集中于市中心街道；冯德顺、陈德顺等药酒店坐落在东司门、北兴街一带。[①]

私人医院和药店在地理分布上近同，主要集中于市中心街道。例如，1906年钟敬安在鼓楼街创设卫生医院，1908 年郭瀛洲在鼓楼街创办同仁医院等。这一时期，西方传教士在中国广开医院，教会医院将先进的医疗技术传入中国，并培养了一批近代医护人员，在一定程度上促进了中国医疗事业的发展，至 1948 年，开封共建立医院 30 座，另有诊所 99 个，医护人员 200 人。[②] 其中

---

① 参见开封市地方志编纂委员会：《开封市志》（第四册），北京：北京燕山出版社，1999 年版。

② 参见河南近代建筑史编辑委员会：《河南近代建筑史》，北京：中国建筑工业出版社，1995 年版。

开封规模较大并具有代表性的医疗建筑主要有河南省立医院、福音医院、济汴医院等。

（1）公立医院代表：河南省立医院

河南省立医院是近代开封规模较大、景观特色鲜明的医疗建筑。1911 年，河南官医院在山货店街成立。1914 年，迁至寺后街，并更名为河南官立施医院。在保留中医处的情况下，1926 年，改称为开封市省立医院。1928 年，迁至河道街，并更名为开封平民医院，即现开封第一人民医院，开始以西医为主。1933 年，在河道街东头路北新建医院大楼，其建筑规模较大，整体的建筑风格为西方古典式。据奠基石刻可知，该大楼中间高 3 层，左右向前围成 U 型平面，高两层，屋顶设花园，下面设暖室，内部有事务室、休息室、游艺室、淋浴室、手术室，及可容百余人的病房。[①] 由此可知，当时的省立医院设施配备已基本齐全。该大楼于 1991 年被拆除。

（2）教会医院代表：福音医院

福音医院是开封第一家规模较大的综合性西医医院，由英籍传教士金纯仁于 1906 年在南关创建，今位于医院前街。开封沦陷后，由日籍医生接管。该院有两座西式楼房，40 余间平房，内设有男院、女院、检验室、护士培训班等机构。福音医院的建立，对开封西医的发展起到了至关重要的作用。新中国成立后该院被改建为开封市人民医院。

（3）私人医院代表：济汴医院

济汴医院位于开封财政厅街，现开封东大街 15 号，是刘连壁兴建的私人医院。该院建筑为两层西式楼房（如图 3—38 所示）。据记载，该楼是类似英国旧民居的二层内走廊一字型平面的简化西洋式楼房。现已不存。

---

① 参见河南近代建筑史编辑委员会：《河南近代建筑史》，北京：中国建筑工业出版社，1995 年版。

图 3-38　开封济汴医院（引自《河南近代建筑史》第 88 页）

4. 公共行政建筑

近代，随着国家体制的改变，政府机构在设置上做出了相应调整，很多新式公共行政建筑应运而生。开封作为近代河南省的首府，一些重要的公共行政机构设立于此，而行政建筑作为政府权力的体现，与普通的建筑景观有很大区别，一般采用庄严肃穆的建筑风格，以此体现政府的权威。由于开封公共服务类建筑众多，下文仅以部分建筑景观为例展开探讨。

（1）南关邮政大楼

南关邮政大楼（如图 3-39 所示）是民国时期开封西式建筑的代表。1917年，河南邮务管理局英国籍邮务长阿良西和丹麦籍会计长光器格在南关购地兴建该楼，于 1921 年完工。南关邮政大楼位于中山路南段路西，由英国人设计并由英国在华建筑公司承建，建筑总面积达 2840 平方米。整栋建筑采用砖木结构，平面呈 U 型，共三层，地上两层，地下一层。大楼南北长 48 米，东西宽 24 米，采用红砖清水墙，正面三个出口外设有八级石砌台阶。整栋建筑宏伟壮观。1948 年该楼二层被焚毁（如图 3-40 所示）。后经修葺，新中国成立后改建为南关百货大楼。

图3-39 南关邮政大楼（引自《开封市邮电志》第363页）

图3-40 战火中的南关百货大楼（引自网络）

（2）国民党河南党部大楼

国民党河南党部大楼旧址位于今明伦街河南大学校医院。1927年，北伐军胜利以后，国民党开始在河南省公开活动，其集会地址选在河南贡院的西南部。当时的明伦街名为省党部街，后由于河南大学扩建，省党部搬至市中心。从图3-41、图3-42来看，当时的省党部大门中间为拱形门洞，上筑牌坊，牌坊上立国民党党旗，整栋建筑宏伟壮观。后随着解放战争的胜利及河南大学的扩建，该大楼被拆除。

图3-41 国民党河南党部成立初期的大门（引自网络）

图3-42 30年代大门（引自网络）

（3）河南省参议会旧址

国民党河南省参议会旧址位于鼓楼区商业大院东胡同。这里曾是宋代御史台官署、明代安插司署、清代巡抚衙门所在地，后被改建为督军府。日本投降后，被改为国民党河南省参议会。原为两层楼房，用青砖建造，采用仿歇山式房顶，以灰筒瓦覆顶，东西各有一门，五扇窗户，内部采用木质楼梯及隔层。整栋建筑古朴典雅，庄重大方。此栋建筑为研究民国时期河南省参议会提供了实物资料。2013年因市政建设，参议会旧址（如图3—43所示）被拆除。

图3—43　2013年拆除前的河南省参议会旧址（引自开封宋韵网）

（4）河南省教育厅旧址

民国时期，河南省教育厅旧址位于今北土街原市政府大院内。清代，开封教育由提督学政负责管理。1913年改设为教育司，1917年设教育厅。教育厅初设于双龙巷的民房内，1927年河南省政府成立后，教育厅搬至已裁撤的道尹公署。民国时期河南省教育厅建筑规模的具体情况已无从考究，从已知的两栋建筑来看，教育厅在民国时期建筑规模很大，主体采用中西结合的建筑风格（如图3—44所示），建筑正面采用西方的上下券廊，门窗为弧形的砖花牙拱旋和具有西方古典韵味的花棂门，屋顶采用中国传统的青瓦覆盖，整栋建筑简洁古朴，优雅大方。主楼后为一座规模较小的两层楼房。作为民国时期河南省教育管理基地，这两栋建筑除了具有重要的景观价值外，还具有重要的历史纪念价值，是河南近代教育发展的重要见证者。新中国成立后，这两栋建筑被用作机关单位的办公楼，后被闲置。如今，因年久失修，部分建筑已坍塌。

图3-44 2014年河南省教育厅旧址（引自开封宋韵网）

（5）河南救济院

河南救济院是冯玉祥主豫时在救苦庙旧址上建立的，即今开封大梁门里北仁义胡同之西二道胡同20号。清末，该庙已残破不堪，后经修整，达到鼎盛。据资料记载："民国初年相传庙内有降乩事，大得当时军政要人之助，大施建筑，直欲与相国寺相媲美。"① 1922年，冯玉祥将其设为贫民收容所。1927年，冯玉祥命人将大殿沿街殿房改建为河南救济院，其余房屋被改建为初级小学、游艺场等。该院房屋众多，设施完备，以"教养兼施，并保证贫民健康为宗旨"。新中国成立后被恢复为道观（如图3-45所示）。现为开封重要的道教活动场所。

图3-45 开封救苦庙

---

① 河南省政府宣传处：《开封新建设一览》，内部资料，1928年，第29页。

近代，新旧交替，为适应时代发展的需要和满足民众生活需求，社会系统内的建筑景观及时做出调整，大量的新式建筑应运而生。在建筑风格上，这些建筑已摆脱了明清时期的传统建筑样式，取而代之的是兼具中西文化特点的新式建筑，形成了独具特色的"民国风"。

（三）文化系统内的建筑景观

人类通过建筑这一载体，一方面传播文明，如图书馆、纪念馆等，另一方面将人的情感通过建筑美表现出来，如名胜古迹等。下文涉及的文化系统内建筑景观主要包括文物建筑、文化场馆等。

1. 文物建筑

文物建筑涉及时间界定，本书的文物建筑主要指近代或近代以前遗留和保存下来的古建筑和遗迹。近代，开封遗留下来的重要文物建筑（未包含宗教建筑，宗教建筑将单独叙述）分别为龙亭、山陕甘会馆、鼓楼、城墙、文庙等。

（1）龙亭

龙亭是一个建筑群。核心部分大殿坐北朝南，由大殿和台基组成。台基高13.4米，两边设72级台阶，台阶中间嵌有蟠螭石雕。整个大殿采用重檐歇山式，四周为回廊，面阔五间，进深三间，高13.3米，顶部覆黄色琉璃瓦，屋脊置脊兽，四角悬挂风铃。自建成后便随着时代的变迁而不断发生变化。民国初年，大殿"基址宏敞。去平地高可七八十级。殿上有青石宝座一。玉皇像后高四尺许。阔三尺。方式。四周悉刻龙纹。洵古物也"[1]。民国中后期，受政局影响，景观外貌变化较大。

龙亭所在区域曾是唐代宣武军节度使的衙署，后梁时朱温在此建立建昌宫，也是后晋、后汉、后周、北宋、金代的皇宫所在地，明朝在此建立周王府。金代诗人李汾的佳句"琪树明霞五凤楼，夷门自古帝王州"，就是用夷门指代开封，五凤楼指代龙亭一带昔日的皇宫大内。

龙亭起源于康熙三十一年（1692）明周王府煤山上的一座亭子，因亭内设有皇帝牌位，文武百官定期到此朝拜而得名。1734年，河南总督王士俊将此

---

[1]　戚震瀛：《开封名胜古迹志》，载《地学杂志》，1918年第11期。

亭改建为万寿宫。1751年，乾隆下江南时行经开封，河南巡抚将衙署改建为行宫，按察使司署搬至大道宫，道观道士被安置于万寿宫。从此，万寿宫被改为万寿观，龙亭成为道教圣地。

1845年，大殿被风刮倒，祥符知县修建六角亭以代之。1856年，布政使英棨将亭子拆除，重建了龙亭大殿（如图3－46所示）。是时龙亭具体情形，邑人常茂徕有详细记载，今节录于下：

（午朝门街）前有牌坊一座，上书"拱岳带河"，嘉庆五年，巡抚马慧裕书。十七年，督学姚文田改书"万寿无疆"。坊前大石狮一对，座淤没，以石尺度之，狮身高九尺，北宋物也。北二里许，两旁积水，一望无际，皆宋明时宫殿废址。有人于此刨古器物。正北向南三间，一开朱户，九钉九带，上覆黄琉璃瓦，黄土涂墙，四周朱柱飞檐。进大门，当中大照壁，高二丈，亦黄土涂饰。壁中启门，内外俱朱桂丹檐，上覆黄琉璃瓦。夹壁东西两披门。过此有东西庑，各五间，俱大厦崇檐。正北高处即龙亭。仰望如天梯，石磴两旁青石栏杆，当中蟠龙盘绕。嘉庆间，中建真武殿三间隔断，自下而上历十五级至真武殿。过殿复历四十七级至极顶，下视约高六七丈。上建黄琉璃殿九间，基高五尺，石阶七级，厦山转角，重檐四覆，周遭朱柱如游廊，内供皇上万岁位。殿外台基四周绕以花墙。迤东一门，由此门东去，迤逦而下，立土为山。

……

真武殿左侧平地，有吕仙殿三间。乾隆三十八年重修。

……

吕仙殿东南火神殿三间，旁立五岳真形巨碑，碑阴巡抚马慧裕叙并书，即嘉庆庚申岁立于龙亭上者。督学姚文田移此。又东围墙外路侧有铸铁柱一，出地三尺许，围约五尺，如出水莲蓬，齐头纵横，作十字坎，四面望之，形如凹字，四隅各陷锻铁一方，以石击之，各为一声。历风雨不锈不蚀，未知何物。[1]

---

[1] 沈传义等修、黄舒昺纂：《新修祥符县志》（卷八），光绪二十四年刻本。

图 3-46　1907 年的龙亭

图 3-47　殿前孙中山铜像

图 3-48　龙庭大殿

图 3-49　龙庭大殿近景

（以上四图引自开封宋韵网）

　　进入民国，督军胡景翼对大殿进行修葺，并在台基两边增设转阶，改名龙亭公园。1928 年，冯玉祥主豫时，道观中的道士被遣散，龙亭大殿被改为中山纪念堂，龙亭公园改名为中山公园。1929 年，冯玉祥在原真武殿遗址平台上塑立孙中山铜像（如图 3-47 所示）。开封沦陷期间，日本侵略者恢复庙宇，将真武、玉皇等像置于龙亭。抗日战争胜利后，龙亭被改为"抗战烈士祠"。龙亭大殿在战争中，部分建筑受到损毁。经解放开封战役之后，龙亭大殿变得破败不堪，殿上杂草丛生（如图 3-48、3-49所示）。后经修葺，现已成为古都开封的名片。

　　（2）山陕甘会馆

　　山陕甘会馆是清代山西、陕西、甘肃三省同乡聚会和进行贸易的场所，由三省的富商巨贾兴建。它位于徐府街中心，因关羽为山西人，所以会馆前例建关帝庙。会馆和关帝庙的始建时间无考。关帝庙殿前悬有乾隆三十年（1765）的匾额，由此可证关帝庙和会馆的修建时间最晚在清乾隆年间。光绪《祥符县志》记载为顺治七年（1650）建，康熙三年（1664）修，三十九年（1700）重修。

　　会馆初建时名为山西会馆，后改为山陕会馆，至光绪年间正式改名为山陕甘会馆，"民国十六年（公元1927年）庙废后改为河南艺术学校，后又改设西北中学。沦陷期内改为天仙庙，抗日战争胜利后仍为西北中学，庙后会馆仍存。解放后，前半部改为河南省开封速成师范附属小学，后半部则归开封专属教育行政干部学校占用"①。

图3-50　牌楼　　　　　　　图3-51　大殿前的木雕（引自网络）

整座会馆建筑有砖雕照壁、披门、戏楼、钟楼、鼓楼、牌楼、大殿、卷棚、拜殿、配殿、廊房、堂戏楼等。该会馆布局严谨，设计精美，它的砖雕、木雕、石雕艺术和建筑艺术誉满中州。照壁用青砖建造，高8.6米，宽16.5米，采用庑殿顶，上覆绿色琉璃瓦，里外檐下有五层砖雕，图案有梅兰山水、飞禽走兽、人物花卉等，32个龙头垂柱分布其中，栩栩如生，是砖雕艺术珍品。照壁北为披门、戏楼、钟鼓楼，再向北为牌楼（如图3-50所示）。牌楼高约11米，正中悬"大义参天"的匾额，牌坊由6根柱子擎撑，东西对称，各呈三角形。牌楼采用庑殿顶，上覆绿色琉璃瓦，上部有横枋相连，顶部中间突起，形成飞檐五楼，檐下是十一踩斗拱以及玲珑的木雕垂柱，人物透雕和八幅彩画，下部为高2米的6个抱鼓石，上面雕有云鹤、龙虎、凤凰、人物故事等。牌楼两侧为16间配殿，牌楼北为大殿、卷棚和拜殿，三者连为一体。拜殿面阔三间，大殿、卷棚面阔五间，皆覆绿色琉璃瓦，有柱子48根。大殿的雕刻堪称一绝（如图3-51所示），上下雕刻有四层，有花卉树木、仙鹤、龙虎、海涛、太阳等。大殿两侧为对称的庭院。

（3）鼓楼

传统鼓楼一般位于城市的中心地带，具有击鼓报时、侦查瞭望等职能，是

---

① 熊伯履、井鸿钧：《开封市胜迹志》，郑州：河南人民出版社，1958年版，第78页。

辨识度较高的城市公共建筑景观。开封鼓楼在近代历经改建，又屡遭战火，1948 年被严重毁坏。据资料记载，城内原有钟、鼓二楼，东西相望，用报晨晓。

开封鼓楼又名谯楼，位于今鼓楼街西口。初为 1379 年河南都司都指挥徐司马所筑，后坍塌，又几经修复。近代开封鼓楼，是 1689 年清河南巡抚闫兴邦在原鼓楼遗址上重建的。

光绪七年（1881），河南巡抚李鹤年对鼓楼进行修整。其台基高三丈，用青砖所砌。台基中砌有瓮门，以便于东西交通。台基上建有古典格式的两层楼，东西各悬巨匾一方，西匾额题"声震天中"，东匾额题"无远弗届"。楼上的南面房间架直径三尺许的巨鼓一面，民国初期尚存。

1928 年，冯玉祥主豫时，将鼓楼第一层楼改为"中山图书馆"，二层为"消防队"和"新闻联合会"，四周走廊为火警瞭望台。楼顶中央增建四方楼（如图 3－52 所示），内置巨型自动钟以报时。台基西南隅悬一铁钟，用于火灾报警。传统的鼓楼有了近代化特征。自 1930 年起，一楼图书馆改名为"通俗图书馆"，图 3－53 中可见一楼悬挂着通俗图书馆的匾额。1931 年，又在瓮门两侧，辟为环抱马路，借便通行。① 1948 年，鼓楼被毁，只留下台基。

图 3－52　冯玉祥时期所建的四方楼（引自开　　图 3－53　日伪时期的一楼通俗图书馆
封宋韵网）　　　　　　　　　　　　　　　（引自开封宋韵网）

（4）城墙

开封城墙由来已久，几经变迁。由图 3－54 可见，其地理区位在朝代的变迁中不断变化。今日开封城址在宋内城的基础上有所扩建。目前，开封城墙是河南省现存规模最大的古代城垣建筑，同时也是全国第二大古城墙，保存较为

---

①　参见马灵泉：《相国寺》，开封教育实验区内部资料，1934 年。

完整，具有较高的景观价值。城墙的修建匡正了历代开封城市的整体格局和街道走向，是城市建设的基础。当时城门作为百姓进出城市的重要通道，其地位尤为重要。

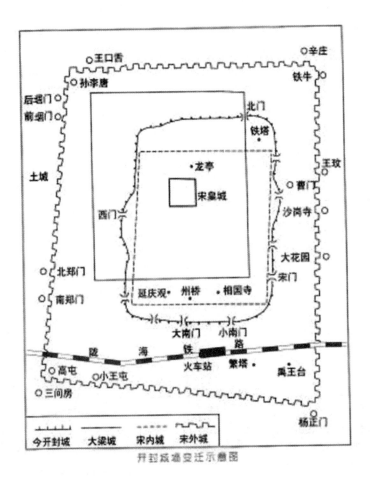

图 3-54　开封城墙变迁示意图（引自《开封地方史志汇编·开封城墙》第 141 页）

1842 年，经历洪水剧烈冲击的城墙残损厉害。次年，清政府对其进行重修。重修后的开封城墙周长 22 里 70 步，外壁用青砖砌筑，里侧护坡用灰土夯筑，整座城墙共有 81 座马面，四角修建角楼，城门依然保持了自明代以来形成的"五门不对"格局。

民国时期，城墙主体变化甚微，城门楼建筑变化较大，开封城门景观原貌损毁严重，部分毁于战火，部分则人为拆除。清末民初，开封保留有五座城门。1927 年 11 月，张自忠开辟小南门，门孔为两进，上筑城楼，1948 年被炸毁。后在其上筑碉堡式建筑（如图 3—55 所示）。小南门的开辟，打破了开封自明代形成的"五门不对"格局。

　　冯玉祥主豫期间，为纪念孙中山和宣传共和、平等、自由、博爱思想，将南门、北门、曹门、宋门、西门依次改名为中山门、共和门、平等门、自由门、博爱门。1928 年，冯玉祥在大南门上建立"金声图书馆"。1931 年，大南门（如图 3—56 所示）两楼被拆除，箭楼改建为三进孔道，上筑碉堡式城楼，1948 年毁于战火。1932 年，"五门之旧殿阁式城楼，因开宽街道俱拆毁（如图 3—57 所示），月城（翁圈）亦拆除无遗。但修筑了碉堡、地堡和炮楼等防御工事"[①]。

图 3—55　1948 年时的开封小南门

图 3—56　清末大南门城楼

图 3—57　城楼拆毁后的西门城台

图 3—58　1948 年的北门城楼

---

　　① 刘顺安：《开封地方史志汇编·开封城墙》，北京：北京燕山出版社，2003 年版，第 141 页。

图 3－59　1958 年拆除前的曹门　　　图 3－60　1980 年拆除前的宋门

（以上六图引自《开封地方史志汇编·开封城墙》第 142—143 页）

1949 年，北门城楼（如图 3－58 所示）被拆除。其后，作为"封建遗存"的开封城楼被一并拆毁，如曹门、宋门（如图 3－59、3－60 所示）等。

现今，开封城墙早已成为全国重点文物保护单位，部分城楼在近年也得以重建。

（5）文庙

文庙（如图 3－61 所示）位于文庙街路北，坐北朝南。近代开封文庙是清顺治九年（1652）河南知府朱之瑶修建的。庙内建筑从南至北依次为泮池、牌坊、棂星门、东西廊庑、启圣殿、大成殿等，庙内建筑均覆黄绿色琉璃瓦，气势宏伟壮观。棂星门高约三丈，两边掖门稍低，三门间立有四根平顶朱柱，柱上装饰有绿色花纹。棂星门设计考究，整体大气美观。泮池位于街南，深约四尺，呈半圆形。门外有石狮两座（现存）。庙内原有《宋二体石经》《金女真进士题名记》等宝贵碑刻，现均保存于开封市博物馆。文庙西为儒学，"大门仪门各三楹，明伦堂五楹，千秋道脉房一座，后建尊经阁东西旁房各九楹。儒学教授宅一处，在文庙东"①。儒学是王朝时期开封的地方教育机关。文庙因被洪水淹没，几经变迁。由于经费无着，疏于修理，以及推行新政，废除科举，兴办新式学堂，清末时已显倾颓。

① 杨焕成、周到：《河南文物名胜史迹》，郑州：中原农民出版社，1994 年版，第 108 页。

图3-61　1917年的文庙（引自开封宋韵网）

文庙在民国时期变化较大。1927年，因辟街道，其牌坊被拆毁，庙内设开封市民图书馆和古物保管委员会，后被改建为小学。现今文庙遗址已被修建为具有客家文化特征的珠玑巷。

2. 文化场馆

（1）图书馆

开封的图书收藏有着悠久的历史。北宋时期，著名的三馆是当时全国最大的图书馆，"国初以史馆、昭文馆、集贤院为三馆，皆寓崇文院。太宗端拱元年，诏就崇文院中堂建秘阁，择三馆真本书籍万余卷及内出古画墨迹藏其中"[1]。而后图书收藏文化在开封得以历代传承。

1904年，开封出现第一家公共阅览场所——中州月报社，可视为开封近代图书馆事业的发端。这些近代图书馆在初建时，多是利用原有建筑改建而成，规模较小，但已具有现代图书馆的功能。

民国时期开封的图书馆事业继续向前发展，特别是冯玉祥主豫期间，图书馆建设成就显著。冯氏的主要做法，是利用一些公共建筑来建设图书馆。1927年，平民图书馆投入使用。该馆由中山市场西厢房改建而成，"馆内置书柜十余个，阅报桌两张，书籍数百种，报章数份，阅书桌椅数十套……关于公民应看之书籍，设施亦无不全备云"[2]。1936年，平民图书馆被裁撤，归入河南省

---

① 脱脱等：《宋史》（卷一六二），北京：中华书局，1976年版。

② 河南省政府宣传处：《开封新建设一览》，内部资料，1928年，第8页。

图书馆。

1927年，省政府将鼓楼旧址改建为中山图书馆（如图3－62所示），规模与平民图书馆相当，分国耻部、图书部、阅报部三种。

图3－62　1932年的中山图书馆（引自网络）

图3－63　冯玉祥主豫时的金声图书馆（引自网络）

1927年，冯玉祥为纪念郑金声①，在开封大南门城楼上建金声图书馆（如图3－63所示）。该馆"共六间，分上下两层，楼上备有书橱，书架，图表，及一切书籍……壁上悬挂各种标语及图表，中间悬郑金声同志遗像，室外有国耻插画，及姜逆明玉，潘逆鸿钧等相片，室之周围，砌有菱形之各种花坞，内植花木，以资游人兴趣"②。冯氏在河南的建设活动，引起了一些大报的关注，《申报》对此有所报道，尤其提到"已经开办者，计有三十三处"，其中就包括中山图书馆、金声图书馆。

冯玉祥主豫时期，开封图书馆建设成绩显著，但各图书馆规模仍相对较小，存在时间也较短。民国时期，开封存在时间较长、规模较大的图书馆是河南图书馆和河南大学图书馆。

河南图书馆是近代河南全省最好的图书馆，建筑规模宏大，样式新颖，藏书较多，设施完备。1908年7月6日，河南提学使孔祥霖呈奏抚院，请求创

---

①　郑金声（1879—1927），山东历城（今济南）人。1908年与冯玉祥一起从事秘密反清活动，1924年参与北京政变，后调任第八方面军副总指挥。1927年率军进攻山东，被叛军诱捕，同年11月6日在济南被张昌宗杀害。

②　河南省政府宣传处：《开封新建设一览》，内部资料，1928年，第33页。

建"河南图书馆"。次年,开封第一个公共图书馆在二曾祠(如图 3—64 所示)旁的许公祠建立①,这是河南图书馆的前身。据记载:"河南图书馆发起于光绪戊申(1908 年)秋七月,原拟用藩经旧署,经提学宪孔公(祥霖)详准,前抚帅林咨部立案,并行取各省官书。嗣因该旧□□设立小学,弗克迁让,别谋经始,苦少适当之地,费且不赀。幸方伯朱曼帅接护抚篆,以城北二曾祠旁之许公祠,地势处中,宏敞雅洁,甚便庋藏观览,力主假用。今中丞吴仲帅亦深许可,乃定规划,于今年(1909)二月初八日开馆。"② 据统计,当时该馆藏书 1600 余种,4300 余卷。后因时局动荡,馆址几经变迁,先后迁于后第四巷南区警察署、文庙、东大街的大华女中等处,于 1925 年最终迁回二曾祠。1928 年,原图书馆旧门被拆除,新建西式大门三间(如图 3—65 所示),并修房舍至 60 间(如图 3—66 所示)。至 1948 年开封解放后,河南图书馆共有房舍 56 间。③ 河南图书馆的扩建和当时冯玉祥主豫时期大力发展近代教育、文化息息相关。20 世纪 50 年代,河南图书馆随省会迁到郑州,其旧址现为开封市图书馆,原有建筑现已无存。

图 3—64　清末的二曾祠

图 3—65　1928 年河南图书馆大门

---

① 许公祠是为纪念河东河道总督许振祎于 1905 年兴建的,二曾祠是为纪念曾国藩、曾国荃而兴建的。

② 李滨:《河南图书馆书目》,出版地、出版者不详,1909 年,第 2 页。

③ 周鸿俊:《河南文化艺术年鉴(1992)》,郑州:河南人民出版社,1993 年版,第 304 页。

图3－66　20世纪30年代河南图书馆阅览大楼

（以上三图引自《河南省图书馆百年》第26页）

河南大学图书馆建于1912年，当时名为"河南留学欧美预备学校图书馆"。初建时由于书籍较少，便和教学仪器合为图书仪器室，后随着图书的增多，学校专拨了三间平房作为单独的图书室（如图3－67所示）。1922年，原留学欧美预备学校被改建为中州大学，原图书馆改名为中州大学图书馆，并迁至六号楼。据资料记载："本馆在民国十一年与中州大学同时成立，其规模甚小。至民国十六年，合并法政、农业两专校于中州大学，为河南中山大学校址。始占六号楼第一层全部，嗣后馆务逐渐发展，馆址亦迭次扩充。迨至民国十八年，本校易名河南大学后，除讲演厅第三教室外，六号楼全部作图书馆之用。"① 抗日战争全面爆发后，图书馆内书籍分批迁于鸡公山、武汉等地。抗战胜利后，六号楼仍作为图书馆。

---

① 庄文亚：《全国文化机关一览》，世界文化合作中国协会筹备委员会内部资料，1934年，第311页。

图3—67 留学欧美预备学校时期的平房图书馆（引自
《河南大学图书馆史》第2页）

此外，文庙街的开封市民图书馆、齐鲁公园图书馆等在民国时期也较成规模。

（2）美术馆、实业馆及游艺馆

美术馆、实业馆等新型公共文化场馆的设置，是开封近代化进程的一个新体现。1927年冬，冯玉祥为丰富百姓生活，在相国寺八角殿（如图3—68所示）内建美术馆。该馆藏品众多，类别丰富，有图书类、刺绣类、雕塑类、书法类等。"本馆形为八角，分内外两室，各种美术品，即陈列于外室，绕室一匝，左右顾盼，如行阴山道中，一望无穷。"① 除此之外，相国寺内的藏经楼被改建为实业馆，内置各种实业品。中山市场东厢房被改建为游艺馆，内置球、棋、乐器等，供市民参观学习。

① 河南省政府宣传处：《开封新建设一览》，内部资料，1928年，第7页。

图3-68　20世纪初的相国寺八角殿（引
自网络）①

图3-69　河南博物馆大门（引自网络）　　　图3-70　河南博物馆内建筑（引自网络）

（3）河南博物馆

河南博物馆建于1927年，位于开封法院街26号。1928年，更名为河南
省民族博物院。据资料记载，馆址占地十亩有奇。内有楼房四所。分各种陈列
室、动物研究室、植物研究室、绘画工作室，以及图书室、储藏室及各办公室
等。此外馆内设有岩石部、民族部、服饰部、偶俑部、动物部、植物部、甲骨
部、古器部、石刻、经卷部、特别部。② 各部分工明细，陈列完备。该馆大门
（如图3-69所示）及内部建筑（如图3-70所示）采用了当时流行的中西结
合的建筑样式。大门两侧立有石狮，大门的方形立柱上设有路灯，馆外围墙为
半透视的菱形花纹，既庄重，又美观。馆内建筑大量采用圆形立柱和西式的上

---

① 该照片摄于1906—1928年间。
② 参见庄文亚：《全国文化机关一览》，世界文化合作中国协会筹备委员会内部资料，1934
年。

下券廊，使得整栋建筑庄严肃穆。50年代该馆随省会迁往郑州。

（4）教育馆

1927年夏，冯玉祥将军为缓解莘莘学子因战火而失学之苦，命人将城隍庙旧址改建为教育馆。据记载："改建后，即辟门前隙地为公园，植木种花，点缀新鲜，入门为前院，博物室在北""史地室、卫生室、游艺室、教育行政室、学校成绩室，及馆员住室等，分列两旁，院中凿池二，辟小花园四，栽花养鱼，以供游人玩赏。博物室之后，为后院北房，高大如博物室，现作为理化室，其前东西二所，为馆员住室，东北隅复有小院一，为本馆办公处。前院之东有大院一，为游戏场"①。1931年，教育馆被改建为河南省立民众教育馆，并增设了民众学校、化学工艺班、国术训练班等。后教育馆被取消，改为黄河水利委员会。现为河南大学淮河医院北院区。

（5）体育场馆

近代以前，开封没有专业的体育场馆。民国以来，开封陆续兴建了几处体育场馆。1931年，为迎接即将于1932年10月在河南举行的第十六届华北运动会，开封各界开始筹建河南体育场（俗称华北体育场）。华北体育场建筑宏伟，从场馆分布图（如图3—71所示）来看，设施完备，规模较大。由图3—72、3—73可见当年华北运动会时的场景及场内建筑。场馆主席台采用中西结合的建筑样式，气势雄伟壮观，是当时中国规模较大的体育场馆之一。1938年，"日军侵犯河南，对体育场大肆破坏，看台上的铁栏杆，两场四周水泥柱上的钢管，拆除净尽，当作'战利品'运走了。抗日战争胜利后，国民政府为了打内战，把所有看台的砖全部拆除，用来修建街道和城墙上的碉堡"②。整个体育场基本面目全非。体育场现仅存民国时期大门一座（如图3—74所示），保存完好，该大门宏伟壮观，采用四柱三券式砖混结构，整体为西式风格。1954年，省政府迁于郑州后，便改名为开封市人民体育场。

1928年底，张学良东北易帜，其后驻防河南时期，曾在开封修建高尔夫球场。该球场于1934年建成，位于龙亭西院。该院西至西墙，北至龙亭西盘

---

① 河南省政府宣传处：《开封新建设一览》，内部资料，1928年，第12页。

② 开封市政协文史资料委员会：《开封文史资料》（第十一辑），内部资料，1991年，第74页。

旋道下部分，"球场内建有许多微型亭台楼阁，假山异石，林木郁葱，俨然一园林，互相间球道相联"①。高尔夫球场作为西方传入的新鲜事物，在当时尤为引人注目。这一贵族运动球场缺乏民众基础，在张学良率军西上后，便不复存在了。此外，开封火车站附近的新公园内，当时也建有体育场馆，且设施齐全，现已无存。

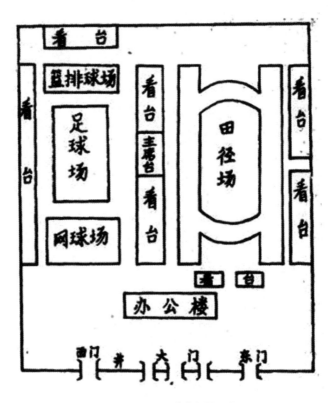

图 3-71　华北体育场平面图

① 开封市政协文史资料委员会：《开封文史资料》（第十一辑），内部资料，1991 年，第 116 页。

图 3 - 72　民国第十六届华北运动会场景

（以上两图引自《开封文史资料》第十一辑第 73 页）

图 3 - 73　民国华北体育场内景（引自网络）

图 3 - 74　华北体育场大门（引自网络）

（6）人民会场

人民会场（原名国民大戏院）是开封第一座大型的现代化剧院，建于相国寺西侧栗大王庙的旧址，由河南省政府代主席薛笃弼于 1928 年主持兴建，开封市长李公甫设计。该建筑（如图 3 - 75 所示）平面呈长方形，南北长 57.3 米，采用砖木结构，前脸楼五层，最上方有横额 "人民会场" 四个大字，两侧三层，正中的四根希腊式柱廊高两层，上设平台，内置观众厅、舞台、化妆间等，后增建露天电影厂、大鼓说书房、魔术室等。会场可容纳三千余人，为方便进出，设有八个门。整座建筑采用西方古典折中主义建筑形式，气势宏伟，是近代开封优秀建筑的代表。著名的京剧表演艺术家梅兰芳先生 1934 年曾在这里进行赈灾义演，人民会场从此名声大噪。此后言菊朋、程砚秋、尚小云、常香玉等，也曾在此演出。1963 年，会场被改建为市人民电影院，现被某商场使用。

图 3-75 开封人民会场（引自《河南近代建筑史》第344页）

（7）纪念馆及革命纪念地

纪念馆和革命纪念地是时代变迁的产物。冯玉祥第二次主豫期间，将中山市场内的大雄宝殿改建为革命纪念馆。该馆分为塑像、绘像、照相、兵器、文书、图书六部，展品均为已殉将士的生前遗物。1927年，冯玉祥将原关帝庙改建为烈士祠。关帝庙共有三座大殿，"将后殿改为会议室，中殿改为纪念室，前殿为纪念碑室……又将东西牌坊及钟鼓二楼，均行拆去，前院改为平民公园，置花木及秋千、摇篮、木马"① （如图3-76所示）。

---

① 河南省政府宣传处：《开封新建设一览》，内部资料，1928年，第11～12页。

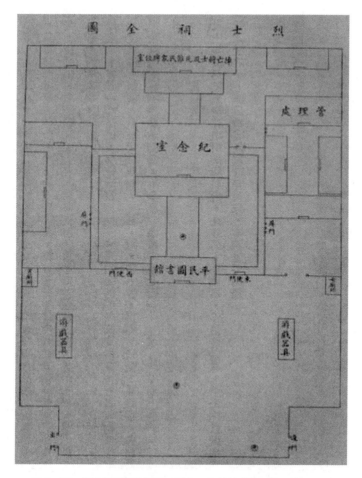

图 3-76　烈士祠平面布局图（引自《开封新建设一览》第 11 页）

此外，为纪念辛亥革命中英勇牺牲的烈士，1928 年，冯玉祥在开封市公园修建辛亥革命纪念塔。该塔呈六角形，尖顶，高 23.75 米，底座直径 3.05米，现位于中山路南段马路中间，保存完整。纪念塔旁为河南辛亥革命十一烈士墓。1911 年，辛亥革命武昌起义后，各地纷纷响应。河南地区以张钟端为首的十一位革命志士被清军包围后英勇牺牲，但清政府禁止家属收葬。多日之后，革命党人沈竹白以慈善名义，将其葬于南关义地。1933 年，河南省政府决定修建辛亥革命十一烈士墓。据 1932 年 12 月 23 日《河南民报》报道："公墓系新近落成，周围八方，高约丈余，下面用洋石灰砌成道座，中间各嵌纪念石一块，党国要人，均有题词。"1981 年，开封市政府将墓园迁入禹王台公园，并将原龙亭公园内的孙中山铜像一并移入。

民国时期，文化系统内的建筑景观，除文物建筑以外，其他文化场馆大都是在一些原有建筑的基础上经改建而成，如初建时的河南省图书馆、烈士祠等。冯玉祥倡导的市政建设，在文化类建筑上卓有成效，极大地丰富了开封市民的文化生活。此外，为适应时代需要，此时期也兴建了大批新式文化场馆，华北体育场、辛亥革命纪念塔、辛亥革命十一烈士墓等即典型代表。

（四）宗教系统内的建筑景观

开封的宗教建筑景观包括佛教、道教、伊斯兰教、基督教、天主教、犹太教等的建筑景观。

1. 佛教建筑

（1）相国寺

相国寺是开封著名的佛教寺院，位于开封闹市区，南临自由路，北接寺后街。原为北齐建国寺。唐代为郑审宅园，"睿宗景云初，游方僧慧云睹审后园池中有梵宫影，遂募缘易宅，铸弥勒佛像，高一丈八尺。值睿宗以旧封相王初即位，因赐额为相国寺"①。北宋时期，发展成为皇家寺院。北宋灭亡后，历经多次毁建。清乾隆三十一年（1766），对该寺进行大规模重修，皇帝亲自题写"敕修相国寺"匾额。重修后的相国寺，规模已远不如明代。

晚清时期，相国寺迭遭水火劫难。道光二十一年（1841），遭遇严重水灾。光绪十九年（1893）又遭火灾。自此之后，更加凋敝。

相国寺在晚清时期逐渐衰败。进入民国，又几经变迁，景观整体面貌也有了不同程度的改变。

民国时期，相国寺依然一派颓败凋敝的光景，昔日之鼎盛一去不复返。但在民国初期，相国寺依然大体保持了清乾隆年间修缮的基本格局，坐北朝南，在中轴线上由南至北依次分布着牌楼、天王殿、大雄宝殿、八角琉璃殿、藏经楼等建筑。牌楼原为山门基址，前有木质牌坊。天王殿位于牌楼北约 50 米，采取单檐歇山琉璃瓦顶，面阔五间，正中悬挂"天王殿"匾额。大雄宝殿（如图 3—77 所示）是相国寺的主体建筑，面阔七间，为重檐歇山顶，整个殿宇气势磅礴，雄伟壮观。八角琉璃殿（如图 3—78 所示），又名罗汉殿，位于青石

---

① 李濂撰，周宝珠、程民生点校：《汴京遗迹志》，北京：中华书局，1999 年版，第 152 页。

台基上，院中心为八角形木质结构高亭，内置乾隆年间雕刻的千手千眼观音。藏经楼，面阔三间，上下两层高五丈余，外形为重檐歇山顶。

图 3-77　民国时期的大雄宝殿（引自网络）　图 3-78　1907 年的八角琉璃殿（引自开封宋韵网）

　　此后，相国寺内的建筑发生了很大变化。1927 年，冯玉祥为提倡新风，毁庙易俗，废寺逐僧，国民政府将相国寺改建为中山市场，寺内佛像除千手千眼观音外，大部分都被毁坏，寺内建筑被改建为纪念馆、实业馆等，相国寺作为寺院的历史告一段落。开封沦陷后，日伪又将其恢复为寺院。根据 20 世纪 50 年代的资料记载，"寺前大照壁及东西过街两牌坊，于 1927 年废寺时拆毁，正中牌坊石狮一对及三门，于 1948 年解放时炮毁，东面的鼓楼于 1949 年焚毁，西院房屋在 1927 年改为市场后，除东角尚存极少部分外，其他或拆或改均非原状"①，所幸主体建筑保存相对完整。1992 年，河南省下达文件，批准相国寺作为佛教场所开放，交由僧人管理。

　　（2）祐国寺·铁塔

　　铁塔（如图 3-79 所示），位于开封城东北隅，是开封现存的为数不多的原始文物，也是中国最大的琉璃艺术宝塔，其砖雕装饰堪称一绝，号称"天下第一塔"。据记载："宋仁宗庆历中，开宝寺灵感塔毁，乃于上方院建铁色琉璃砖塔，八角十三层，高三百六十尺，俗称铁塔。"② 塔初建时位于开宝寺内，为北宋四大皇家寺院之一，深受重视。后寺毁于金、元战火，塔存。明代重建寺院，天顺时更名祐国寺，"北有铁塔寺，名祐国寺，又名上方寺……北齐时

---

　①　熊伯履、井鸿钧：《开封市胜迹志》，郑州：河南人民出版社，1958 年版，第 34 页。

　②　李濂撰，周宝珠、程民生点校：《汴京遗迹志》，北京：中华书局，1999 年版，第 155 页。

创建，前有山门、左右两角门，门前周围高丈余"①。明末大水，寺院再废。清顺治二年（1645）修。乾隆十五年（1750），皇帝巡幸中州，下旨增修，敕赐名甘露寺。寺西邻信陵君祠。

晚清时期，祐国寺屡经劫难，尤以道光年间的洪灾最为严重，寺僧流散，渐呈碑断垣残的衰敝凄凉景象。从乾隆至光绪末，"迄今历百余年，所谓铁塔寺者，惟后大殿略经补葺，两配已非昔制，风剥雨蚀，日见败落。两方亭亦渐圮。仅塔与铜佛岿然如故。佛竟露立，雨浸日晒成铁色，余则片瓦无存，尽为斥卤废地。僧居僦屋，钟卧土丘，碑碣又为道光二十一年河水冲围抛砖石护城，半投于水。信陵祠亦无存。塔下八棱方池，垫为平地"②。

祐国寺及铁塔在民国时期受政策变化和战争影响较大，当时寺庙建筑几乎无存，景观变化较大。

1918年，该寺已荒废："南有破殿一座。内置石铁砖木佛像多尊。三清铜佛。仍存其一。又南殿内有丈六金身佛像一座。"③ 铁塔则保存完整："在城东北。旧贡院后身（今高等商业学堂）。高十三级。计十余丈。四壁砖瓦。皆琉璃窑制。工质坚致。赭绿相间。每砖栏内。镌刻佛像一尊、至五尊不等。塔内石阶。稍有残缺。尚可扪壁以登。"④ 1927年，冯玉祥主豫，大力除旧布新，逐僧毁佛，该寺全废，仅存铁塔和接引佛。1933年，该寺被改建为河南省佛学院。1938年，铁塔被日机炮弹击中（如图3—80所示），但依然屹立不倒。新中国成立后，经修复，废寺被辟为铁塔公园，园内铁塔在1961年被列为全国重点保护文物。

① 孔宪易校注：《如梦录》，郑州：中州古籍出版社，1984年版，第43页。
② 沈传义等修、黄舒昺纂：《新修祥符县志》（卷十三），光绪二十四年刻本。
③ 戚震瀛：《开封名胜古迹志》，载《地学杂志》，1918年第11期。
④ 戚震瀛：《开封名胜古迹志》，载《地学杂志》，1918年第11期。

图3-79　民国初年的铁塔（引自网络）　　　图3-80　抗日战争中被日军

击中的铁塔（引自网络）

（3）国相寺·繁塔

国相寺，在城东南繁台前，初名天清寺，又名白云寺，后周显德元年（954）建，明洪武十七年（1384）更名。因寺内有繁塔，又名繁塔寺。明末毁于大水。清康熙二年（1663）重修。道光二十一年（1841）黄河洪灾，全寺被淹，寺内泥沙淤积，满目破败景象。是后，繁塔仅余五六丈，禹王台存丈四五尺。

民国时期国相寺曾被辟为学校。1918年，时人记载："今寺宇半即倾圮。塔尚岿然独存。塔三层。塔座若六角磨盘形。每方砖上。皆雕佛像。与铁塔类似。顶七级锥形。塔旁居民有繁姓。乃三国魏繁钦之后。塔后寺屋今截为中州农业学校。东壁上有古玉津园横额四字。"[1] 1927年，冯玉祥废寺逐僧，该寺被划入河南省立农业专门学校，后并入河南大学，为河南大学农学院。

繁塔，原名兴慈塔，位于天清寺内，故复称天清寺塔，又因在繁台上，俗称繁塔，始建于北宋开宝七年（974），原为九层，元代遭到毁坏，仅存七层。明初，以王气太盛，又铲去四层，仅余三层。繁塔在近代变化甚微，至清末，"今存者三级，犹高九丈五尺。周遭六面，面各四丈，计共二十四丈。极顶正

---

① 戚震瀛：《开封名胜古迹志》，载《地学杂志》，1918年第11期。

中作尖峰，高二丈。塔之上下一色，方砖砌就"①。（如图 3-81 所示）

图 3-81　20 世纪初的开封繁塔（引自网 　　　　图 3-82　塔身佛像
络）

繁塔现高 36.68 米，采用六角形空心造楼阁的方法，砖木建筑，结构独特，一砖一佛像（如图 3-82 所示），砖上刻有释迦牟尼、文殊、普贤、准提、罗汉等，人物形象鲜明、造型迥异。塔内壁的砖上镶嵌 20 尊造型复杂的乐伎像，她们以不同的姿态演绎着箫、笙、鼓等乐器，神态活现，栩栩如生。繁塔内现存 178 块石刻，其中以北宋书法家赵安仁的楷书《金刚般若波罗蜜经》《十善业道经要略》等最为著名。繁塔现为开封最为古老的地上建筑，蕴含着宝贵的建筑、美术、书法、音乐等价值，是开封为数不多的佛教原始景观。

（4）白衣阁

白衣阁位于开封市百益街，原名打瓦寺，又称大瓦寺，始建年代无考，元末被毁。明洪武二十年（1387），由尼僧义果等重建。明末毁于洪水。清初，刘昌重建，改称白衣阁，为尼庵。清末，白衣阁临街山门坐北向南，寺门上悬"古白衣阁"匾额，入内为甬道，道北为大门，门口有双狮对峙，再进为大殿

---

① 常茂徕：《繁塔寺记》，沈传义等修、黄舒昺纂：《新修祥符县志》（卷十三），光绪二十四年刻本。

5 间，左右厢房各 3 间。殿后为高阁，阁两层、上下各 3 间，供奉白衣大士，阁左右各有厢房 3 间。1927 年废庙，一度驻扎警察署自行车队，后又改本街办公处。[①] 白衣阁内建筑以清式风格为主，装饰考究，是近代开封的重要寺庙建筑之一。

2. 道教建筑

(1) 龙亭大殿

龙亭大殿位于现龙亭公园内，最初是内奉皇帝牌位的宫殿，名为万寿宫，乾隆十六年河南巡抚改建为行宫，朝贺仪式改在行宫。万寿宫改为万寿观，供奉原在大道宫的北极玄帝铜像（今移延庆观），从此龙亭成为道观。[②] 1927 年，大殿内部被改建为中山纪念堂。日伪时期，曾一度恢复为道观。

(2) 延庆观·玉皇阁

延庆观位于开封城内西南部，原名重阳观，是道教全真派创始人王喆（号重阳，1112—1170）传道与逝世的地方，由其弟子为纪念他而修建此观。金末观毁。元太宗五年（1233），全真七子之一的赫大通弟子王志谨受长春子丘处机遗命重修，历时 30 年而成。因殿宇宏伟壮丽，忽必烈赐名大朝元万寿宫。元末，毁于兵火，仅存玉皇阁，又名通明阁。玉皇阁结构设计独特，雕刻艺术精湛，将多种建筑形式及汉蒙建筑特点融于一身，反映了元代各民族间的文化大融合。[③]（如图 3—83 所示）

明洪武六年（1373）重加修葺，并改名为延庆观，沿用至今。道观原有吕祖殿、三清殿、玉皇阁等，"延庆观大门三间，门前有石狮一对。大门内向东，有关王庙三间，向南，二门三间，正殿供三清天尊，殿后有八瓣琉璃塔，上圆下方，内外纯砖砌就。约高四丈，三层；最上一层，北匕檐下，刻'通明阁'三字，行书，字大尺余。下层向南，有洞，内供元帝，并有张三丰遗迹。西有小殿三间"[④]。明末，观圮于水，阁存。

---

① 参见开封市地方志编纂委员会：《开封市志》（第六册），北京：北京燕山出版社，1999 年版。

② 参见开封市地方志编纂委员会：《开封市志》（第六册），北京：北京燕山出版社，1999 年版。

③ 参见杜启明：《中原文化大典·文物典·建筑》，郑州：中州古籍出版社，2008 年版。

④ 佚名撰、孔宪易校注：《如梦录》，郑州：中州古籍出版社，1984 年版，第 40 页。

清康熙七年（1668）修复，"大殿三楹，灵官殿一座，周围客舍群房无不毕备……前殿祀吕祖，后崎杰阁，供奉昊天上帝"①。道光二十一年（1841），黄河洪灾，延庆观没于水。道光二十七年（1847）重修，恢复旧观。又经光绪二十年（1894）、三十四（1908）年两次简单修葺，延庆观"前临巨浸，即汴河故址……今山门内戏楼、吕祖殿、三清殿、东西官厅，周围游廊，皆道光二十七年间方伯王简重修……最后杰阁高数丈"②。

图3-83　1935年的玉皇阁（引自网络）　　　　图3-84　1935年的禹王台（引自网络）

民国时期，延庆观除玉皇阁和部分建筑外，其他建筑均被拆除，景观变化较大，"民国十六年（公元1927年）废观毁像，改为省会公安局第三警察分驻所。嗣后观内除东偏院归入民宅外，其他房屋逐渐倒塌，兼被人拆卖，所剩前殿及东西两厢，亦均破旧不堪"③。新中国成立后，延庆观经多次修葺，现为开封的一处名胜古迹。

（3）禹王台

禹王台（如图3-84所示）位于开封东南部，西临繁塔。又名"古吹台"，相传春秋时晋国乐师师旷曾奏古乐于此，故名。北宋为纪念二仙姑，将此改名为二姑台。明成化十八年（1482），建碧霞元君祠。嘉靖二年（1523），官府为改正风气，毁掉神像，建禹庙，由此得名禹王台。据清末资料记载，原台高三丈，周围百二十步。道光年间，黄河决口泥淤，仅存一丈四五尺。

民国时期，禹王台已荒废，后被划入河南农学院，其主体景观变化不大。

---

①　沈传义等修、黄舒昺纂：《新修祥符县志》（卷十三），光绪二十四年刻本。
②　沈传义等修、黄舒昺纂：《新修祥符县志》（卷十三），光绪二十四年刻本。
③　熊伯履、井鸿钧：《开封市胜迹志》，郑州：河南人民出版社，1958年版，第65页。

禹王庙位于禹王台中部，面阔五间，殿内供高八尺禹王铜像（1927 年被毁）。殿内碑刻甚多，殿壁有前清刘树堂中丞重摹古岣嵝石刻屏风四幅，殿后为清高宗御亭碑。禹王殿前东西两侧分别为三贤祠和水德祠，三贤祠是明代巡按御史毛伯温为纪念"李白、杜甫、高适"曾来汴登高赋诗而建。水德祠内祀奉着自秦代以来治水有功的人，1927 年祠废。御书楼（如图 3－85 所示）面阔三间，气势宏伟，清康熙曾亲书"功存河洛"，其匾额在民国废庙时被毁。楼下东壁镶嵌着 1923 年康有为《游禹王台诗》（尚存）。御书楼前台下为中书"古吹台"三字的木质牌坊，两旁为道院。民国十六年（1927），禹王台被改为农林局办事处，新中国成立后改为河南农学院。1928 年，建设厂疏通古台的三面水道，南岸又增建水榭五间（今存）。

禹王台现高 4 米，上有禹王庙、三贤祠、水德祠等建筑，已被改建为公园。

图 3－85 御书楼

图 3－86 原城隍庙门（引自《开封胡同与角巷》第 166 页）

（4）城隍庙

城隍庙（如图 3－86 所示）位于开封城隍庙后街。历史上因水患频繁，该庙多次重修。明代城隍庙坐北朝南，由南向北依次修建有照壁、左右鹿角、牌坊、大门、大殿、后殿。据孔宪易考证："府城隍庙、县城隍庙、济渎庙、穆蔼堂，皆今黄河水利学校校址。乃元代旧址。"[1] 清代城隍庙保持了明代的基本格局，坐北朝南，规模宏大，每逢久旱不雨时，人们便前往求

---

① 孔宪易校注：《如梦录》，郑州：中州古籍出版社，1984 年版，第 68 页。

雨，香火非常旺盛。1927 年，该庙大殿被改建为教育馆，后改设为黄河委员会。大殿在解放战争中被炸毁，庙内其他建筑均无存。旧址今为河南大学淮河医院北院区。

3. 伊斯兰教建筑

回族元代以来即定居开封，人口众多，是本地人口最多的少数民族。据 1953 年人口调查显示，回族占全市人口的 6.26%，占少数民族人口的 93.09%。① 开封清真寺分布广泛，明代有 9 座，清代 24 座，民国初期 23 座，1949 年有男、女清真寺 25 坊。② 民国时期较为著名的有东清真寺、北清真寺、三民胡同清真寺、文殊寺街清真寺、西皮渠清真寺、善义堂清真寺、家庙街清真寺等。

（1）东清真寺

东清真寺，俗名东大寺，位于开封市清平南北街路西，是近代以来开封规模最大的清真寺。据寺内碑刻记载："大梁清真寺，在城之东南隅，乃教人礼拜祝国之所也。"明永乐五年（1407），曾敕赐增修，建立碑记，则该寺始建年代最晚应在明初，后历经多次重修，现存建筑为道光二十六年（1846）所建。东大寺坐西朝东，采取三进院的分布格局。大门（1990 年重建）面阔五间，门楣正中悬挂"东大寺"匾额。二门三间（如图 3－87 所示），有左右廊坊。二进庭院西端中间为大殿（如图 3－88 所示），大殿高三丈余，采用硬山顶的建筑手法。大殿后为三进院。民国初年，东大寺被改建为明德小学。东大寺保存相对较为完整，具有重要的历史、宗教价值，现今为伊斯兰教宗教场所。

图 3－87　二进门　　　　　　　　　图 3－88　大殿

---

① 参见开封市地方志编纂委员会：《开封市志》（第一册），北京：北京燕山出版社。
② 参见开封市地方志编纂委员会：《开封市志》（第六册），北京：北京燕山出版社。

（2）北清真寺

北清真寺，俗名北大寺，位于开封城东北隅，因与铁塔临近，所有又叫铁塔寺，始建年代不详，原在城外，清代搬迁至此。该寺坐西朝东，依次为大门（如图3－89所示）、大殿（如图3－90所示）、中殿、后窑等。寺内现保存有珍贵的碑刻及石雕（如图3－91所示）。大殿左角门上横嵌篆书"龙马负图处"，下款为正书"嘉祐二年三月龙图阁学士知开封府包拯"。北厢房东壁刻草书七言古诗，相传为宋代书画家米芾墨迹。清末，该寺重建，甚是繁盛。民国时期，周边回族居民大量迁徙，寺周变得荒凉冷清，但寺内主体建筑基本上保持了原貌。抗日战争时期，北清真寺遭到炮火袭击。解放战争时，曾被作为前哨指挥所，有前哨指挥所碑刻为证。后经多次修建，现为伊斯兰教宗教场所。

图3－89　大门

图3－90　大殿

图3－91　大殿石雕

（3）三民胡同清真寺

三民胡同清真寺（如图3－92所示），原名凤凰寺，位于鼓楼街西三民胡同，为开封市重点文物保护单位。据记载："草三亭又名凤凰巷，俱回子居住，有礼拜寺。"① 该寺始建于明代弘治年间，占地 50 亩。整座寺院采取数进式的对称庭院构造。寺内建筑气势宏伟，宽敞明亮。清光绪二十三年（1897）和 1931 年都曾对该寺进行重修，现保存有清光绪二十三年九月重修寺房碑，具有重要的文物价值。民国时期，为宣传三民主义，此寺改名为三民胡同清真寺，大门上书"博爱平等"四字。抗日战争时期，被改名为东光胡同清真寺。后再次更名为三民胡同清真寺。

图 3-92　三民胡同清真寺

（4）文殊寺街清真寺

文殊寺街清真寺位于开封市文化街，原为明代回族将领汤和故宅，后在其旧址上建文殊寺。据记载："路南为文殊寺，寺为信国公汤和宅旧基。"② 该寺历经多次重建，主体建筑建于清顺治六年（1649），采用中国传统的庙宇式建筑风格。民国时期，该寺规模很大，占地约 8 亩，正院内大殿广阔，七间四进，院中布花坛奇石，门楼嵯峨，颇为壮观。1922 年，该寺被改名为新兴教清真寺。1925 年，被改建为欣育小学。20 世纪 90 年代被拆除重建。现仅存清咸丰九年（1859）建的古照壁（如图 3-93 所示）。重建后的清真寺为典型的阿拉伯式建筑（如图 3-94 所示）。

---

① 孔宪易校注：《如梦录》，郑州：中州古籍出版社，1984 年版，第 30 页。
② 孔宪易校注：《如梦录》，郑州：中州古籍出版社，1984 年版，第 48 页。

图3-93　照壁

图3-94　现清真寺内景

（5）家庙街清真寺

该清真寺位于午朝门南边的家庙街中段（今新都汇商业区），由河南孟县桑坡人建于清咸丰元年（1851），时仅有房屋十余间。同治十二年（1873），该寺院荒废。后经集资捐款，大殿、卷棚、大门等被修葺一新。民国时期，该寺归周边回民所有，并在附近的蔡胡同建清真女学。女学共有大殿3间，北讲堂3间。家庙街清真寺为中国传统的寺院建筑，1990年该寺的礼拜殿被拆除。图3-95、图3-96为现今修葺的清真寺大门和大殿。

图3-95　寺门

图3-96　大殿

除以上清真寺外，近代开封又新建有宋门关清真寺、北门大街清真寺、王家胡同清真寺等。

4. 基督教建筑

基督教于清末传入开封，因传入时间较晚，故而开封的基督教建筑大多修建于近代。据统计，民国时期开封市区的正规教堂共有15所，其中10座始建于民国，其余 5 座兴建于清末。① 现今除宋门里教堂、西门里礼拜堂、施浸堂外，其余均被拆除。

近代开封具有代表性的基督教教堂是三一教堂。该教堂是 1920 年加拿大魁北克省圣公会斥资修建，位于行宫角，为欧洲古典式建筑。整栋建筑用青砖砌成，呈长方形，后又增建一个凸字形圣所，窗上镶嵌彩色玻璃，门口为约四层楼高的钟楼。该教堂因处于交通便利之处，在民国时期发挥了极大的作用。1979 年被拆毁。

5. 天主教建筑

天主教大约于明代万历年间传入开封，据资料记载："继金公而能成其意者，是为毕方济神父……毕公意国人，一六一三年入中国，为人豁达，雅善晋接，而又大德不凡，风采宜人，久为徐光启所敬慕，初传教于北京，化人不少……道经开封，为官绅所留，遂不复去。官绅竞捐巨资，建堂一所"②。这是河南省设立的第一座正规教堂。1715 年罗马教皇克雷芳十一世发布《从这日起》通谕，视中国的祭孔、祭祖等活动习俗为异端，康熙帝遂下"禁教令"，开封天主教堂被查封，改为寺观。清末，开封的天主教传教活动才再次开展。此时期，教会人员在开封广建学校和救济场所。下文所涉的天主教建筑主要包括教堂、修会、修院。

（1）理事厅教堂

理事厅教堂（如图 3—97 所示）位于理事厅街东头路北，是当时中国天主教河南教区的主教堂，由意大利籍神父谭维新主持兴建于 1917 年。教堂内建筑包括耶稣圣心堂（如图 3—98 所示）、钟楼（如图 3—99 所示）、办公楼等。圣心堂坐北朝南，高 15 米，南北长 33.4 米，东西宽 17 米，总面积为 625 平方米。教堂内设三座祭台，从东至西分别供奉着圣母玛利亚、耶稣圣心、圣若瑟抱耶稣像。圣心堂后即为钟楼，呈正方柱形，每面宽 2.5 米，尖顶，顶尖置十字架，整座钟楼高 25 米，共六层，顶层置铜钟一口。主教办公室位于圣心堂西侧，坐北朝南，共三层，建筑面积为 1021 平方米。堂内

---

① 参见开封市地方志编纂委员会：《开封市志》（第六册），北京：北京燕山出版社。
② 明东：《开封老天主堂考》，载《圣教杂志》，1935 年第 5 期。

建筑历时三年，于 1920 年竣工投入使用。该教堂现为河南省保存最为完整的天主教堂，意大利式的建筑风格在此得到充分体现，具有较高的建筑、美学、宗教价值。

图 3-97　民国时期的理事厅教堂侧面（引自开封宋韵网）

图 3-98　耶稣圣心堂

图 3-99　钟楼

（2）河南开封总修院

该院现位于开封市羊尾铺附近，是天主教培养神职人员的学校，始建于 1932 年。院内主体建筑为一椭圆形二层环楼（如图 3-100、3-101 所示），南北长 31.45 米，东西长 15.58 米，建筑面积 2043.6 平方米，大小房间 190 间，规模宏大。正面大门为牌坊式建筑（如图 3-102 所示），其上雕有"河南总修院"，旁雕小字"北宋大花园故址"。建筑内部为西式的天花板和水泥地面。主建筑后为一两层小教堂（如图 3-103 所示），建筑面积为 301.7 平方米。整座院落构造完整，庄严优美，是中西合璧式建筑的典范。后因学生太少，该院于 1958 年被撤销，现已荒废，但主体建筑保存完好。

图 3-100 总修院主体建筑

图 3-101 总修院正面

图 3-102 大门牌坊

图 3-103 环楼后教堂

（3）美国本笃修女会会址

美国本笃修女会会址位于自由路（现开封宾馆院内）。1930 年该会遣人来华，后于 1937 年在开封建立会址。会址内建筑主要有主楼、大门、水塔等。主体建筑（如图 3-104 所示）坐北朝南，为两层楼房，建筑面积 1155 平方米，为中国古典建筑风格。民国时期，美国本笃修女会在此创办女子英文、音乐专修学校。1941 年，太平洋战争爆发，该会址被日本侵略者侵占，修女会迁往北京。1945 年，日本投降后又迁回。1948 年解放战争胜利后，该会修女返回美国，会内建筑交由天主教开封教区管理。①

---

① 参见开封市政协文史资料委员会：《开封文史资料》（第十一辑），内部资料，1991 年。

图 3-104　美国本笃修女会会址内主体建筑（引自网络）

此外，近代开封还有中国主顾修女会、美国山林圣玛利主顾会、意大利忧苦之慰修女会、意大利贝加摩拜圣体修女会等。这些修女会在 1948 年以前相继撤离开封，其会址先后被占用。

6. 犹太教建筑

明弘治二年（1489）开封《重建清真寺记》碑载："噫！教道相传，授受有自来矣。出自天竺，奉命而来，有李、俺、艾、高、穆、赵、金、周、张、石、黄、李、聂、金、左、白七十姓等，进贡西洋布于宋。帝曰：归我中夏，遵守祖风，留遗汴梁。宋孝隆兴元年癸未，列微五思达领掌其教，俺都喇始建寺焉。"① 开封犹太人的宗教活动由来已久，犹太会堂自北宋至清末，曾多次被重建和扩建，同治年间毁于黄河水灾。1912 年，其族人将犹太会堂旧址（如图 3-105 所示）卖与基督教开封圣公会。至此，寺已无存。但由于民国时期开封依然有大量犹太人，所以依然能够见到犹太教建筑，图 3-106 就是当时犹太人兴建的小型宗教场所，建筑风格为中国古典式，规模较小。

---

①　该石碑现存于开封市博物馆。

图 3－105　1910 年犹太会堂旧址（引自开封宋韵网）

图 3－106　民国时期的犹太教庙宇（引自开封宋韵网）

近代，特别是民国时期，除佛教、道教外，其他类别的宗教人文景观在开封均有发展。这是由于冯玉祥主豫时期，破旧立新，废寺逐僧，致使佛教寺院和道教道观数量大为减少。清真寺因回族人口增多而数量大增。天主教、基督教作为西方传入的宗教，其传教人员初为外籍人士，受西方列强的保护，因而其数量随着西方资本主义侵略的加剧而逐渐增多。近代开封宗教人文景观数量的变化，一方面显示了国人思想的开化以及对外来文化的接受度，另一方面也反映出政治局势变动及政府决策对景观存亡的重要影响。

二、街巷与交通景观

（一）街巷景观变化

随着近代化进程的逐渐深入，清末民国时期开封街巷景观在布局和空间上有了不同程度的变化。开封历史上曾多次遭遇黄河水灾，但城市街巷的基本布局、走向、名称却延续至今，造就了世界罕见的"城摞城"奇观。开封街巷从起源到命名有着深厚的文化渊源，关于开封街巷尚有"七角八巷七十二胡同"之说。"七角"分别为县角、行宫角、崔角、丁角、吴胜角、都宅角和府角。"八巷"分别为第四巷、慈悲巷、金奎巷、聚奎巷、贤人巷、南京巷、保定巷和双龙巷。七十二胡同并不是指开封实际的胡同数量，只用来说明开封胡同数目之多。

从街巷平面布局来看，近代开封城市城墙街巷大体延续了道光以来的布局。从 1914 年（如图 3－107 所示）和 1948 年（如图 3－108 所示）开封城区图对比来看，开封主体街道的布局及走向未发生根本改变，但城区面积有了明显变化。这一时期，随着开封火车站的修建，以及南关区被纳入开封城区，开封原本规整的城市格局被打破，城区面积和人口增加，城区的有些道路在原来走向的基础上向南关区延伸，例如中山路、解放路等。此外，1914 年尚存的满洲城后来被逐渐拆除，改为他用。

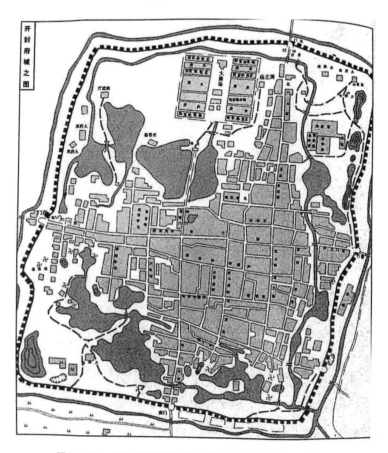

图 3-107　1914 年开封城区图（引自《开封土地志》卷首）

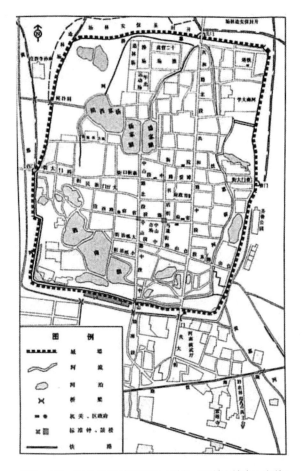

图 3-108　1948 年开封城区图（引自《开封土地志》卷首）

　　从空间层面来讲，这一时期，开封城市街巷的建筑外貌、道路都有了近代化的改变。据民国初期资料记载，城内外原有的街道极为狭小不平，略经风雪，便泥泞难行。民国三、四年才有了第一条石子马路，自督署至城南公园为当时最长的马路。这种状况，在民国时期被逐渐改善。1931 年到 1934 年间，开封城市内的主要道路基本完成大修。有些街道还铺上了柏油，路上车水马龙。道路两侧新建路灯。一些具有现代意义的商店，如百货商城、电影院、美发院等，也逐渐融入城市街景中。城市街巷景观焕然一新，街巷的近代化水平进一步提高。但这种街巷景观的变化主要体现在城市的繁华街区，一些小街小巷的道路状况并未发生较大改变。民国后期，受战争影响，很多民居在战争中遭受破坏，这在一定程度上影响了开封城市街巷景观的发展。下文针对开封主要街区和交通进行简单阐述。

1. 中山路

中山路的名称是在民国时期形成的，其街巷景观在近代变化较大。中山路是开封人引以为豪的城区主干道，也是古城历经千年不变的南北中轴线。在北宋时期被称为"御街"，明代为周藩王府前大街。清代自南至北分别称南门大街、县角、行宫角。民国时期，为纪念孙中山，更名为"中山路"。1931 年，中山路开始改建，改建后中山路分为快车道、慢车道及两侧人行道，相应路面宽度分别为 6 米、3 米、3 米。此次修整，改建了原本的土质路面，街道变得更为整洁、美观。现在的中山路北起龙亭大门，南到火车站，全长 3690 米，宽 24 米。

2. 解放路

解放路南起火车站，北到北门城楼，全长 5440 米。清道光后，分为北门大街、北土街、南土街、卧龙街等数段。1928 年，冯玉祥建"新南门"，将卧龙街南头的城墙辟开，城市南北贯通。1932 年，河南省政府统一命名为"中正路"，并对其进行加宽改建，土质路基被片石路基所代替，并铺碎石于路面，路况得到极大好转，但当时只修到了南土街。抗日战争期间，改称"共和路"。1942 年，剩余路段改造完成。从图 3－109 中可见，1948 年的土街道路平整，两边商户林立，热闹非凡。"文化大革命"期间，该路被命名为"解放路"，并沿用至今。

图 3－109　1948 年的开封土街街道景观（引自网络）

3. 自由路

自由路，西起大纸坊街东口，东至宋门，全长 1532 米。该路在早期共分三段，东段在明代为宋门大街，中段和西段在清代分别改称黄大王庙门、相国寺门。冯玉祥主豫时期，为宣扬革命思想，统一更名为自由路。1935 年，开封市政工程处对此路进行大修，不仅加宽了路面，还改变了此前的土筑路基。此路经相国寺前门和马道街东口，人流量较大，是近代开封较为繁华的街区。

4. 省政府路

省政府路西起西半截街口，东至中山路接寺后街，全长 2770 米。明代为察院街。1750 年乾隆南巡至汴，在此建行宫，后易名"行宫角街"。民国初期，因河南省政府驻扎在该街路北，更名为"省政府前街"，现今的百世康医药公司便是河南省政府旧址。原为土筑路面，1931 年整修，次年完工，路面加宽至 18 米，急行车道铺筑沥青，缓行车道改铺片石，人行道用水泥三合土。

5. 马道街

马道街南北走向，北起鼓楼广场，南到自由路，全长 440 米，是清末民国时期开封近代化程度最高的商业街区。清代称东马道街，民国时改称马道街。原为土筑路面，街道宽窄不一。1933 年，"商界曾筹资改造，但仍宽窄不一。最宽处 8 米，最窄处 6 米，有干铺片石路面，有泥结砖碴路面，有白灰结碎石路面。民国 23 年（1934 年）改造竣工"①。是时，马道街作为商家的集聚地，同丰、华丰泰、同和裕等百货店，竞相在马道街修建立体式门面房，大玻璃橱窗，展览各种洋货吸引顾客。夜晚，灯火通明，留声机播放着戏曲、音乐，人流如潮，零星商贩摆摊设点。② 由图 3—110、图 3—111 可见，当时马道街商铺林立，顾客盈门，电线杆、路灯等基础设施基本完备，街巷空间及景观发生较大改变。

---

① 开封市交通志编纂委员会：《开封市交通志》，北京：人民交通出版社，1994 年版，第 7 页。

② 参见开封市地方志编纂委员会：《开封市志》（第二册），北京：北京燕山出版社。

图 3－110　1938 年的马道街（引自开封　　　图 3－111　民国时期的马道街（引自开封宋韵

宋韵网）　　　　　　　　　　　　　　　　网）

除此之外，在 1931 年之后，开封市区的其他主干道，在河南省政府的支
持下也分别进行了大修，路面被加宽，土筑路基被改变，一些道路装上了路
灯，公交车、私人汽车等新式交通工具出现在开封街巷。这些改变为市民生活
带来了极大便利，而整洁有序的街道也对人们的视觉带来新的冲击。

（二）近代城市交通景观

开封近代交通起步较晚，近代交通工具在清末才相继进入开封。交通工具
的更新换代衍生出大量交通景观。火车站、汽车站、公共汽车站等新式城市景
观相继在开封出现。

1. 开封火车站

开封火车站是近代工业文明的产物，在民国时期受战争影响，变化较大。
光绪二十五年（1899），清政府督办铁路事务大臣盛宣怀上书光绪皇帝，建议
修通开封府至河南府的铁路（开封至洛阳），作为卢汉铁路支线。因政局不稳，
该建议被搁置。1903 年，盛宣怀再次上书请求修建汴洛铁路，光绪皇帝准奏。
汴洛铁路于光绪三十一年（1905）开始修建，宣统二年（1910）正月初一正式
通车，为开封第一条铁路。开封火车站（如图 3－112 所示）始建于光绪三十
二年（1906）六月，位于中山路南段，当时只修建了票房、火车房、工房等临
时性建筑。

图3－112　20世纪初的开封火车站（引自网络）　　　图3－113　1948年开封火车站内一景（引自网络）

1915年5月，汴洛铁路向东延伸至徐州，客流量和物流量逐渐增加，地位越来越重要。1934年9月，"铁道部投资银币3760元扩建开封车站，拆除旧有简易站舍，建成欧式塔顶造型的两层楼房，楼上为快车候车室。楼下为普客候车室。在一站台建钢架彩色玻璃风雨棚。票房和风雨棚之间，建接引棚连接，造型美观，时为豫省一流建筑"①。

开封火车站作为当时中原地区重要的交通枢纽，是重要的物资集散地和中转地，因而地位尤为重要，但连年不断的战争使其屡受破坏。1938年，车站部分房屋被日军炸毁，日军在旧址上重建车站房屋。1944年，车站票房在对日作战中被毁，车站破败不堪。图3－113是1948年解放开封后，一名战士在开封火车站内的留影，从图中可见当时的铁轨和火车面貌，远处的繁塔还依稀可辨。

2. 开封汽车站及货运站

近代公路修筑事业的蓬勃发展，为汽车的使用提供了可能，汽车很快代替了人力和畜力，成为新型的交通工具，而后汽车客运、汽马车货运等相继发展起来。民国时期，开封汽车站规模较小，运营路线受战争影响不稳定。1931年，省长途汽车营业部在开封成立，并在市区小南门里路西设置汽车站，这是开封第一个公路旅客运输企业，它所运营的线路包括开封至周口、许昌、菏泽、杞县、兰考等。1937年，"为抗击日本侵略军，长途汽车停止运营，全力

---

① 开封市交通志编纂委员会：《开封市交通志》，北京：人民交通出版社，1994年版，第156页。

以赴支援军事运输"①。抗战胜利后，车站恢复运营。解放战争爆发后，因长途汽车无路线可跑，该站于 1948 年 7 月被解散。

开封在战国时期已是一座"诸侯四通"的政治中心和"货物所交易"的商业中心。随着铁路、公路运输的发展，且开封周边河道逐渐淤塞，水运慢慢停止，故货物运输主要靠马车、汽马车、汽车等交通工具，所以近代开封依然保留有大量的转运货站和车行。1921 年，商人胡汝霖自购载货汽车，并创办开周汽车公司，这是开封最早的汽车运输机构。之后新民、三民、公共、利民等交通公司逐渐成立，但不久就被省建设厅所取代。初期的汽车货运规模较小，价格较高，再加上战火纷飞，硝烟四起，这些私营汽车运输在战乱中逐渐消失。

3. 公共汽车

开封的公交汽车运输始于民国，但仍处于实验阶段，路线单一，且时断时续，规模较小。在汽车被引进开封以前，市内客运主要依靠黄包车，因价廉方便，备受旅客欢迎。1933 年开封始有公共汽车，由省长途汽车营业部抽出两辆雪佛兰载客汽车运行。当时经营有两条线路，"一条自火车站起点，经邮政楼（现南关百货楼）、大南门、县角、行宫角、新街口、午朝门至华北体育场；一条自东司门起点，经南北土街、学院门、自由路、小南门、演武厅至火车站"②。后因乘客稀少，收不抵支而停运。1935 年公共汽车再次运营，两个月后再次停运。抗日战争时期，日本侵略者曾于 1938 年在开封试办经营市区公共汽车，但因民众抵制，无人乘坐而停运。抗战结束后，开封曾几次试图恢复公共汽车运营，终因车辆被战事征用而作罢。

近代开封市内公共汽车客运虽时断时续，但它的出现，却是开封城市近代化的标志之一。

除此之外，近代开封的电信交通如电话、无线电报、无线电台等纷纷出现，并在民国时期有了很大的发展。

---

① 开封市交通志编纂委员会：《开封市交通志》，北京：人民交通出版社，1994 年版，第 87 页。

② 开封市交通志编纂委员会：《开封市交通志》，北京：人民交通出版社，1994 年版，第 75 页。

三、园林

中国传统园林有着漫长的发展历史，兴起于隋唐，至明清达到鼎盛，衰落于晚清民国。近代，随着封建社会的解体以及西方文化的引入，中国传统园林性质、内容、形式都发生了不同程度的改变，城市公园应运而生。

园林范围广泛，一般认为校园、教堂园林、墓园、故居园林以及公共服务设施的附属园林等可以统称为园林。鉴于景观类型的多样性，本书研究的园林集中于城市公园和私人园林。

（一）城市公园

中国"公园"一词最早出现于《魏书·任城王传》："（元澄）又明黜陟赏罚之法，表减公园之地以给无业贫口。"18—19世纪，西方的工业革命带来了为数众多的产业工人，"他们逐渐成为一个国家或一个民族的主体。他们必须拥有自己的一切权利，其中就包括民众拥有和享受园林游乐的权利。它首先表现于园林主权的奠定与退让。一向由皇家所有的园林退让给平民百姓使用了，真正属于平民百姓的园林——公园诞生了"[1]。近代中国，随着身份等级的逐渐弱化，民众权利不断扩大，居民生活需求层次不断提高，具有娱乐、观赏、休闲功能的综合性公园逐渐形成。中国具有现代意义的公园大致出现于19世纪末20世纪初，开封城市公园也出现在这个阶段，但集中形成于冯玉祥主豫时期，主要有龙亭公园、齐鲁公园、开封新公园、开封市公园、省政府平民公园等。

1. 龙亭公园

龙亭公园位于开封市中山路北段，是民国时期在古代公共园林基础上改建而成的综合性城市公园，景观特色鲜明。1925年，龙亭经河南督军胡景翼整修后，命名为龙亭公园，当时胡景翼为修建该园，专门成立开封市市政筹备处，筹款4万元左右，命专人负责龙亭公园筹建的相关事务。经改建，潘杨两湖中间增筑马路，该马路（如图3—114所示）自午朝门至龙亭大殿，长约180丈，宽2丈。此外，将大殿重新修葺并将高台改建为两边转阶，并修建流

---

① 朱钧珍：《中国近代园林史》，北京：中国建筑工业出版社，2012年版，第87页。

杯亭、清虚堂、信陵馆各三间，并在前边设侯嬴井一口，并立石碑介绍公园概况。1927 年，冯玉祥第二次主豫时，将其更名为中山公园（如图 3－115 所示），并将龙亭大殿设为中山俱乐部，殿前立孙中山铜像，其他房屋被设为平民游艺馆、图书馆、茶社等，空地修建公共运动场。日伪时期大殿被恢复为道观。1942 年，龙亭大殿被改设为新民教育馆，并更名为新民公园。新中国成立后，改名为龙亭公园，并沿用至今。公园内主体建筑为龙亭大殿。

图 3－114　日伪时期的湖中马路（引自开封宋韵网）

图 3－115　冯玉祥主豫时期的中山公园（引自开封宋韵网）

2. 齐鲁公园

齐鲁公园（现汴京公园）建于清同治年间，是当时山东会馆的当家人杨尚志、徐汉涛、汪宝琦等人所建，故又名山东花园。公园位于东城墙外，紧挨城墙，占地 78 亩，是周边居民休闲娱乐的重要场所，1932 年，齐鲁公园内设齐鲁图书馆，并设有图书阅览室，以供民众阅览书报。当时，山东会馆为方便公园管理，设置了办公厅（如图 3－116 所示）。此外，园内还有茶社（如图 3－117 所示）、棋牌室等。从图片可见，当时齐鲁公园树木林立，花草茂盛，园内既保留了传统的亭台楼榭，又有新式房屋建筑，是近代开封的城市休闲公园。

图 3－116　齐鲁办公厅（引自网络）

图 3－117　齐鲁公园四合茶社（引自网络）

3. 开封新公园

开封新公园是民国时期中西结合的新型城市公园，它位于中山路南街路西（今为中山路四小），原为萧曹庙旧址，占地约 3 亩，建于 1928 年 4 月。公园景观丰富，类型多样，以具有教育纪念意义的景观居多。中国地理小模型、冯玉祥五原誓师授旗模型、金声亭（纪念郑金声）、中山陵墓等景观和三民泉、金铭亭等具有观赏休憩功能的景观相互照应，再加上园内花草错落有致，并有各种珍禽异兽等，开封新公园成为当时人们游玩休憩的重要场所。后因战争和城市建设，该公园逐渐消失。

4. 开封市公园

开封市公园是民国时期开封规模较大且集娱乐、教育、观赏等于一体的综合性公园，景观类别丰富，能够满足不同人群的需要，具有较高的景观价值。公园位于开封火车站附近，建于 1928 年，俗称"南关公园"，由李公甫设计，占地 40 余亩（包括市公园运动场）。其景观在吸收西方公园布局的基础上，充分发扬中国传统园林的建筑特色，园内亭台花草环绕，河水、小桥、假山分布其间，环境优美，景观别致。此外，公园内置有世界园、八角亭、俱乐部、革命纪念塔、假山、运动场、总理铜像、辛亥革命十一烈士墓等。运动场内有滑冰、篮球、浪船等体育项目设施。因而，无论从公园面积、布局、设施，还是从景观设置上，开封公园都已具备近代城市公园的基本功能和特点。开封市公园在民国时期历经战火，后因中山路向南延伸至火车站而被废除，园内的十一烈士墓被移至禹王台公园，现只存有革命纪念塔（如图 3—118 所示）。塔高 20 余米，为六棱石砌建筑，共分上中下三层，中下层有青石碑刻。原碑刻早已被凿去，现存中层碑文为："爱科学，爱劳动，拥护共产党，反对侵略战争，拥护中苏合作，保卫世界和平，巩固国防，爱护公共财物，肃清敌特，反对封建主义，拥护共同纲领。"下层碑文为："繁荣经济，发展生产，内外交流，公私兼顾，城乡互助。"据文意，笔者推测其为 20 世纪 50 年代产物。2006 年，河南省人民政府以"国民革命军阵亡将士纪念塔"之名公布其为第四批河南省文物保护单位。

图3-118 20世纪50年代的纪念塔（引自开封宋韵网）

5. 省政府平民公园

省政府平民公园位于省政府街（旧址为今省府前街百氏康医药），原为省长公署。1927年，河南省政府成立后，将其前院改建为平民公园，规模较小。园内设游艺馆、图书室、讲演台、运动场等，这些场馆和园内绿化相得益彰，已基本具备近代城市公园的特征。现已无存。

（二）私家园林

近代开封的私家园林主要分为商家私人园林和营商园林，两者都为私人财产，前者不对外开放，后者以营利为目的，对外开放。这一时期开封为河南省省会，官绅、商人、名人集聚，私家园林数量众多，例如刘青霞故居、张钫故居等。这些私家园林由于构造讲究、景观精致而被誉为名园。前文在住宅建筑中已提及的相关住宅园林，此处便不再涉及。

1. 宋园

宋园位于午朝门北端路西，由清代知县南海黄璟修建，始建年代不详，"园居近市。而结构尚自不俗。有兼葭秋水轩小樊楼不波舫五穗山庄。俱滨临杨家湖"[1]。其毁灭年代不详，民国初期尚存。

---

① 戚震瀛：《开封名胜古迹志》，载《地学杂志》，1918年第11期。

2. 黄园

黄园位于开封城东南方向的曹门与宋门之间，始建年代不详，由南海黄小宋修建，占地十余亩。园内建造有"一号怡怡别墅。中有羡鱼轩小兰亭"[①]。民国初期尚存。

开封园林景观在近代有着非常显著的变化。第一，园林构造呈现多元化。公园的出现，打破了中国传统私家园林的构造手法，多采用中西结合的建筑风格，以体现景观的时代特色。这样既发扬了中国传统园林文化，同时又借鉴和吸收了西方文化，这是过去未曾有过的创新和转折。第二，功能的改变。中国传统园林以休闲娱乐为主，近代的公园建设已上升为"建国方略""民生主义"的高度，园林已成为公众生活之必需。运动场、游艺馆、图书馆等的设置，使得公园成为休闲、娱乐、学习、运动的综合性场所，满足了公众的多种需求。第三，公园数量的增多与地理布局的分散。公园作为近代文明的产物，随着近代工业文明的发展而逐渐增加。冯玉祥主豫时，曾开辟了很多公园，这些公园大多分散于人流较多的城市中心地带。从图 3—119 中可见，图中标示出了 5 个规模较大的城市公园，它们分别位于开封城的西南、城中、城东和城南方向，这样的布局扩大了辐射面，方便了公众的生活。第四，观赏人群扩大。这一时期，园林不再是贵族的私有产物，成为人人都能踏足观赏的公共场所，极大地丰富了公众的生活。

---

① 戚震瀛：《开封名胜古迹志》，载《地学杂志》，1918 年第 11 期。

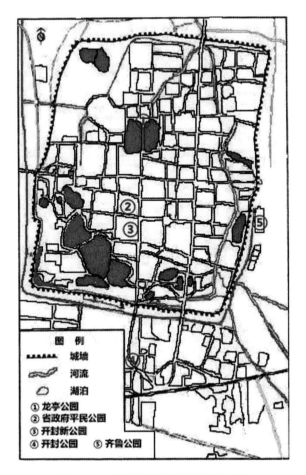

图 3－119　民国时期开封曾建公园分布图

本章小结

　　本章从建筑、街巷交通、园林三个方面对近代开封城市的人文景观进行了具体分析。其中建筑景观内容丰富，时代特色鲜明。街巷和交通景观随着社会的发展而呈现出近代化的发展趋势，二者相互促进、融合，使开封城区面貌得到一定改观。晚清民国时期开封的园林景观正式步入近代化进程，皇家园林停止了建设，私家的古典园林在这一时期越来越少，直至慢慢消失，而具有时代特征的城市公园开始成为主导。近代开封城市人文景观的变迁，与战争、人力等的破坏分不开，但也反映出时代的变迁、思想的开化、科技的进步。

第四章
书店街个案分析

书店街是开封最具有代表性的历史文化街区，其在近代的发展演化，可以视为开封城市近代化转型的缩影。

一、开封书店街的历史沿革及景观变迁

书店街历史悠久，距今已有一千多年的历史。它起源于宋代，当时名为高头街，因临近皇宫，沿街店铺生意兴隆，是东京城内最为繁华的商业街。明代，该街被改名为"大店街"，后因街内主要经营书籍和文房四宝，清乾隆年间正式改名为"书店街"。

书店街原为土路，1932 年，经开封市政工程处设计修建，改为白灰碎石路面，路宽 15 米，分为人行道和车行道。晚清民国时期，书店街因中华书局、世界书局、两合书店、大东书店等入驻而声名赫赫，是当时中原最具影响力的文化街区，在依然保持传统建筑特色的同时，西方文化的融入为原本古色古香的街区增添了新色彩，部分建筑开始采用中西结合的风格。是时书店街老字号和书局林立，中西合璧式的建筑及装潢设计随处可见，呈现类型多样，景观文化深厚。后来战乱迭起，街上店铺纷纷倒闭，书店街曾几度陷入萧条。

新中国成立后，经政府多方努力，书店街商业文化逐渐复苏，一些著名企业再次云集，书店街进入了全新发展阶段。现今书店街依然保存着近代古色古香的独特韵味（如图 4—1 所示）。

图4-1 现在的开封书店街

二、街区特点

近代书店街的街区特点，可以从建筑特点、古街文化两个方面来加以分析。就建筑特点来看，书店街建筑主要分布于街道两侧，大多为两三层的小楼，共 261 栋，其中民国时期的建筑占 37.2%，解放后 50 年内修建的占 56.7%，2000 年后修建的占 6.1%[①]。

现今书店街清末民国类建筑中有全国重点保护建筑 1 处，省级文物保护建筑 1 处，市级文物保护建筑 2 处，未定级的不可移动文物 51 处。这些建筑主要分为传统的明清样式和中西结合式，风格独特，构造巧妙，形成了高低错落、青砖灰瓦的整体风貌。

就古街文化来看，书店街是因商业而发展起来的历史街道，其保留下来的商业文化十分丰富。近代书店街云集了全美、包耀记、晋阳豫等老字号，这些老字号非常注重体现店铺的商业文化。据相关资料记载，民国时期的晋阳豫南货庄于 1938 年租赁了南书店街路东冯姓的门面房五间和后院，经修整房舍，并在门额上精工镌刻经营品种，派专人到上海请书法家唐驼书写"晋阳豫"牌号，制成金字匾额，悬挂前庭大水银镜上方。[②]

---

① 参见刘亚丽：《开封书店街历史街区保护与更新研究》，吉林建筑大学硕士学位论文，2014 年。

② 参见毛德富：《百年记忆——河南文史资料大系》（经济卷·卷二），郑州：中州古籍出版社，2014 年版。

　　除了老字号的商铺外，书店街主要经营书籍和笔墨纸砚，这就形成了以"书"为主的商业经营特色，据相关资料记载，1926 年时，书店街上共有 114 家书店。当时两合书店、大东书店、六合亭书店等以书店冠名的商铺相继在书店街登场亮相，中华书局、世界书局、开明书店等全国有名的印书馆也竞相来此开设分店。由此可见当时书店之繁盛。而整条街以"书"为主要经营对象的文化特色，在历史传承中已成为书店街无形的精神财富。民国时期，这里曾一度是革命文化的宣传阵地，李大钊、王若飞、萧楚女等一大批革命志士，曾在书店街通过刊发《中州评论》《青春诗刊》等来宣传革命思想。北书店街口路西拐角处，是 1998 年因西大街道路工程改造而迁至于此的中共豫陕区委旧址，图 4-2 是今翻新后的旧址，该建筑现整体保护较好，仅有部分地方有破损。

图 4-2　中共豫陕区委旧址　　　　　图 4-3　全美糕点店

　　此外，书店街是展现开封人民市井生活的重要窗口，周边历史遗存丰富，夜市文化浓厚，街区还拥有丰富的非物质文化遗产技艺。例如，始建于清光绪二年（1876）的全美老店（如图 4-3 所示），其创始人卫荀喜先生为老店取名"全美"，寓意"十全十美"。经过百余年的传承发展，全美老店的传统糕点技艺荣获"非物质文化遗产"称号。此外，书店街周边历史遗存丰富，如山陕甘会馆、相国寺、文殊寺等，这些景观的存在为书店街营造了良好的宗教文化氛围。

三、空间格局

　　近代书店街的空间格局，可以从地理位置、街巷空间两个方面分析。书店街位于开封旧城的繁华地段，商业氛围浓郁。它北起博爱路东大街西口，南至鼓楼广场，直通马道街，全长 633 米。周边有马道街步行街、鼓楼夜市等。此外，附近还分布有相国寺、山陕甘会馆、文殊寺等重要的历史文化遗存，地理位置非常优越。

书店街所处地理位置优越，周边街巷空间类型多样，道路整体以南北书店街为主轴线，东西两侧为次级街巷。这继承了开封古城自宋代以来形成的主次街巷空间格局。沿街分布的小巷是书店街景观空间的重要组成部分。开封书店街周边现分布的现代商业街有河道街、徐府街，居住街巷主要有徐府坑街、杏花街、鱼市口街、开封县街、三眼井街、洪河沿街。因此，书店街的景观处于"街—巷—院"这样的空间结构中，商铺沿街分布，居民住宅沿巷分布，街与巷的相交与平行构成了书店街的交通网络格局。但由于空间中挤满了居民住宅，周边街巷一般较窄，空间狭小，书店街的公共空间就成为周边居民通行、休憩、娱乐的重要场所。

四、书店街景观类型及要素分析

从建筑景观类型来看，书店街作为近代开封最具有代表性的街区，景观类型丰富多样，主要集中于商业、金融、居民住宅建筑等，这和书店街的传统街区功能息息相关。在商业建筑景观方面，有代表性的主要有晋阳豫、包耀记、全美等老字号商业店铺，这类店铺一般规模不大，主要以诚信经营和独特的手工艺技术而声名远播。在金融类建筑景观方面，曾有 1913 年 4 月建立的中国银行开封办事处（1928 年改为西北银行）、1934 年建立的中国农民银行开封办事处。在街巷景观方面，作为开封的繁华街区，其城市街巷景观独具特色，具有近代特征的交通工具穿行其中。民国时期，开封开通的首班公共汽车便途经于此。此外，书店街周边历史遗存丰富，交通便利，徐府街、河道街、马道街、鼓楼街、寺后街等都与其相连，这就进一步拓展了书店街的街巷空间，并与书店街的传统特色形成鲜明对比，突出了书店街的传统街巷景观特色。

从景观要素来分析，书店街的建筑主要分为两种，一类是具有明清建筑风格的古典式建筑，另一类则为中西结合式的新式建筑。这两类建筑交错分布，共同构成了书店街独特的景观。中国古典商埠式建筑，大多为两层，一楼为开敞式店堂，二楼为木栏杆阁楼。其景观外貌多采用木结构、黑筒瓦、飞檐瓦顶、翘檐斗拱、雕花隔扇、朱红木格栅门窗等来体现中国式建筑的古典之美（如图4-4所示）。而具有折中主义的建筑则将西式建筑的垂直线条、立柱与中式建筑高耸的山墙、丰富多彩的装饰雕刻等有机结合，这就形成了别具特色的中西合璧式建筑（如图4-5所示）。现今开封书店街上的传统建筑和民国风建筑约占整体建筑总数的三分之二，其建筑景观整体保存良好，有些建筑虽外部经整修，内部经改造，但其景观外貌受影响不大。书店街的建筑遗产在很大程度上反映了近代开封的城市风貌特色，具有重要的历史价值、美学价值、建筑价值。

图4-4　书店街传统建筑

图4-5　书店街民国风建筑

　　就街巷景观要素来观察，书店街原来全程为土路，1932年，经河南省政府批准，其道路正式进入改造阶段，并于1933年下半年完工。改造后的道路为白灰碎石路面，路面宽至15米，车行道为9米，两侧人行道各宽3米。路况的好转使书店街更为繁华，商铺林立，车流不息。图4-6是1938年书店街，由图可见，街上停放着很多黄包车，街边建筑为传统的中式二层小楼，道路和建筑之间种着树木，街道路面相对较为平坦，街巷景观充满了历史文化的厚重感。此外，这一时期的书店街街巷景观已具有明显的近代化特征，小汽车、公交车等在街巷中自由穿梭，照相馆、美发店等新式店铺林立，这就使得书店街的街巷景观可以在古典与近代之间相互切换。

图4-6　1938年的书店街（哈里森·福尔摄/引自开封宋韵网）

五、街区景观价值及未来发展

书店街现今保存有大量完整的文物建筑，街上的老字号是开封传统商业的名片，有些传统技艺被评为非物质文化遗产。这些建筑蕴含着丰富的美学价值、历史价值，而整条街区的商业文化、市井文化则构成了街区的无形物质文化遗产。

书店街是一条极具特色的历史古街，但现因城市建设，一些建筑面临被整改或拆除的状况，这就对古街风貌的保持产生了巨大威胁。此外，因受网络经济的影响，书店街上的书店越来越少，以"书"为主的商业特色正在逐渐丧失。因此，书店街的保存与发展在未来将面临巨大挑战。而如何保持古街的整体风貌，如何保持以"书"为主的经营特色，如何处理城市建设与街区建筑保存之间的矛盾，是书店街未来发展需要着重考虑的问题。

本章小结

近代开封城市人文景观在其独特的历史、地理和人文环境中形成了自身的特点。这一方面彰显了开封城市的人文情怀，另一方面也体现了时代特色。本章从书店街街区特点和空间格局出发，对书店街的景观要素进行了分析，以寻求书店街的更好发展。书店街作为开封传统商业性历史街区中最具有代表性的文化古街，曾繁华一时，它拥有独特的传统商业文化氛围与市井生活文化氛围，保存着大量民国时期的文物建筑景观，有着多重价值，但在经济高速发展的当代，保护和发展间的矛盾逐渐凸显，面临着诸多困难。

第五章

近代开封城市人文景观特点及其对当代城市发展的启示

一、近代开封城市人文景观特点

（一）中西建筑景观的文化融合

中西结合式建筑的大量出现是近代开封城市人文景观的一大特色。清末民初，新旧交替，西学东渐的影响进一步深入，对外来文化的包容度进一步扩大，思想的开放度和言论的自由度逐渐提升。此外，随着西方传教士活动范围的扩大，以及中国留学生的归来，西方文化的影响逐渐加深，西洋建筑风格逐步传入内地，并与中国传统的建筑文化正面交锋，中国的建筑景观样式开始逐渐丰富，中国城市人文景观发展进入了前所未有的转折期和创新期。

近代开封具有西方元素的建筑景观共分为两种。一是中西合璧式建筑，这类建筑在清末就已出现，大多为中国人设计，并被中国人所用。在景观表现手法上，这类建筑善于将西方的垂直线条、立柱等与中国传统的歇山顶、庑殿顶等相结合，并在外部以中国传统的木雕、彩绘、石刻进行装饰。这样既不失中国传统的古典美，又具有西方的现代感，也更容易被国人所认可和接受。河南大学近代建筑群和书店街是开封近代中西结合式建筑的典型代表。河南大学大礼堂采用中国传统的宫殿式建筑手法，礼堂立面为八根意大利式的罗马立柱，中西合璧，古朴典雅。此外，七号楼、东西斋房等，在景观表现上也充分显示出中西文化元素的融会贯通。书店街是近代开封中西合璧式建筑的集聚地，包耀记南货店和晋阳豫南货店在建筑立面上，将中国传统的女儿墙、浮雕等元素与西方的巴洛克建筑风格相结合，从而形成了独特的景观艺术风格。中西合璧式建筑的出现丰富和传承了传统，促进了中国城市人文景观的近代化发展。

二是西式建筑，这类建筑以教堂、洋人住宅为主，大多为洋人设计，并被洋人所用。相较于中西合璧式建筑，西式建筑的数量相对较少。在景观表现手法上，可以具有典型意义的理事厅教堂和红洋楼为例。理事厅教堂采用意大利式的建筑风格，为典型的哥特式建筑，采用了大量彩色玻璃，具有异域风情。开封三处红洋楼在当时独具特色，其中民生街红洋楼采用巴洛克建筑风格，以红瓦、红墙为主色调，外观精美，造型独特。西式建筑景观的出现，极大地冲击了中国传统的建筑文化，丰富了城市人文景观的内容，促进了中西文化的融合，同时也造就了开封独特的近代建筑景观。

（二）城市人文景观的近代化发展

科学技术推动了城市的近代化进程，并促使传统城市向近代城市转化。清末民国时期，开封城市人文景观的近代化发展，在很大程度上也得益于科学技术的进步。

1906 年，汴洛铁路开通，随后延伸至徐州，开封有了对外交流的快速通道，城市的近代化发展发生了质的改变，具有近代意义的城市人文景观大量涌现。在工业景观方面，晚清时期，开封开设河南机械局和河南铜元局两家官办工厂，近代工业起步。进入民国后，面粉业、化学业、火柴业、电力工业等均有发展，地方小型工业相继建立。在市政建设方面，开封传统社会中的公共基础设施非常薄弱，晚清以来，图书馆、游艺馆、博物馆、公园等具有近代化标志的人文景观纷纷建立。在商业景观方面，受沿海城市影响，这一时期，道路两旁的商业店面纷纷采用西方样式，城市中出现了大量采用西方元素的建筑，代表着西方娱乐文化的电影院、戏剧院等也纷纷建立。在交通景观方面，清末铁路交通出现，但城市内部的交通仍然以黄包车为主。进入民国后，随着汽车货运业、客运业的发展，开封城市公共汽车开通，设立了公交站点、长途汽车站等，虽线路较少，但机动交通工具的出现，道路设施的升级，都是开封城市近代化的重要体现。在园林方面，具有近代意义的城市公园在民主与自由的思潮中应运而生，园林的主人、性质、内容发生巨大改变，园内出现了大量具有近代意义的公共设施，中国传统园林的景观概貌发生明显变化，公园成为平民百姓学习、锻炼、休闲的公共场所，开封城市的近代化特征愈加明显。

（三）传统景观地理分布的集聚性与新式景观地理分布的集聚性、分散性并存

开封传统的城市人文景观由于受城市历史传统、居住人群以及景观自身特点的影响，在地理分布上呈现出集聚性的特点。这种具有集聚性的传统景观，包括宗教建筑、商业建筑、文化娱乐性建筑等。

开封是一个多民族聚居的城市，近代时期，居住人群以汉族为主，同时居住着回族、满族等少数民族。相较于汉族，少数民族居住较为集中，这直接影响着少数民族建筑景观的分布。以清真寺为例，这一时期开封城区的清真寺大都建于回族聚居区内。由民国开封城区清真寺分布图（如图 5−1 所示）来看，十来所主要的清真寺中，6 所以鼓楼为中心紧密分布，而这片区域正是开封城区回民的集聚地。

此外，就商业景观而言，由于开封街巷延续了清道光以来的格局，传统的商业街区依然是众多商家的集聚地，商业区仍是以鼓楼为中心呈十字散射状向四周延伸，涵盖了马道街、寺后街、鼓楼街、书店街等传统的商业街。商业街由于较为繁华，人流量大，具有文化娱乐性质的公共建筑也集聚于此。

与传统景观分布特点相比，这一时期开封的新式景观在地理分布上存在着集聚性和分散性并存的特点。新式景观地理分布的集聚性在很大程度上是受城市功能分区的影响。以金融类建筑为例，近代开封出现了大量银行，这些银行为方便顾客，大都兴建于传统的商业街区。除此之外，商业街区内还是近代剧院、戏园、电影院的集聚地。当时，鼓楼内建有图书室。经鼓楼向南，穿过马道街右转，便是中山市场。市场内建有剧院、电影院等。西边的人民会场与此相邻。从鼓楼向东经过鼓楼街，街头路北便是模范商场。商场内也建有电影院。此外，鼓楼附近还分布着和平剧场等不同规模的休闲娱乐场所。新式景观的分散性集中体现于社会公共服务类建筑上。比如公园，为了辐射更多的人群，方便民众生活，其分布状态相对分散。此外，新建的图书馆分布也相对分散，在城东有齐鲁图书馆，城南有金声图书馆，城中有中山图书馆，城西北有河南图书馆等。

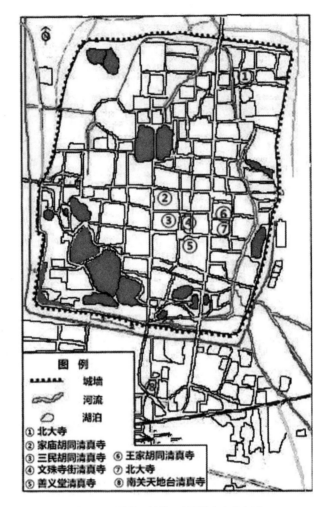

图例

········· 城墙
～～～ 河流
◯ 湖泊
① 北大寺
② 家庙胡同清真寺　⑥ 王家胡同清真寺
③ 三民胡同清真寺　⑦ 北大寺
④ 文殊寺街清真寺　⑧ 南关天地台清真寺
⑤ 善义堂清真寺

图 5-1　民国开封城区主要清真寺分布图

（四）鲜明的时代性

人类文明在时间的流逝中逐渐丰富，并在不同的历史时期形成了各自的特点。开封的民国风建筑景观是近代社会的重要标志，中西文化在此时期的正面交锋，使得传统城市逐渐向近代城市转化，城市人文景观在传统风格与西方文化间游走，城市形象既不同以往，又不具备西方近代城市的完备特征，而具有较强的时代特征。

1925 年 3 月 12 日孙中山先生逝世以后，"全中国掀起了一股以他的名字、职称和理念命名的城镇、街道、园林、建筑物、节日等近二十个门类的浪

潮……以'中山'命名的现象其范围之广，数量之多难以估计"①。冯玉祥两
次主豫时期，大力倡导民主共和思想，又恰逢弥漫全国的追忆孙中山先生的风
潮，故河南也出现了"中山化"现象，作为河南政治中心的省会开封尤为显
著，有以孙中山革命思想命名的街道，如民主路、共和路等，有以"中山"命
名的公园、市场，如古龙亭被改为中山公园，相国寺被辟为中山市场等。

民国时期，硝烟四起，革命流血事件不断，为了纪念缅怀革命先烈，城市
中出现具有纪念意义的时代性建筑，例如开封革命纪念塔、辛亥革命十一烈士
墓等。这些景观，主题鲜明，特色突出，是开封城市人文景观时代性的重要
体现。

（五）鲜明的地域特色

近代开封城市人文景观具有中国城市的一般特征，但受地域文化和自然
环境的影响，又具有地域特色。开封城市人文景观的地域特色在传统民居建
筑以及祠祀上表现得尤为突出。首先，在民居建筑上，受地域文化及环境影
响，田家宅院、许家宅院、刘家宅院等具有代表性的民居大都以清代北方地
域特色鲜明的传统四合院为主，其建筑样式和构造在很大程度上具有明显的
北方地域特色。其次，由于开封北枕黄河，受黄河水患影响颇深，开封地区
的水神信仰文化非常浓厚。近代开封依然保留有禹王庙、城隍庙等祠祀场
所，这也反映了清末黄河水患对开封城市的威胁尚存，因而水对开封城市人
文景观塑造产生了巨大的影响。此外，这一时期，由于受到少数民族文化的
影响，开封有代表不同民族的宗教场所，比如回族的清真寺等。这些景观的
存在证明了开封是一个多民族聚居的城市，城市文化多样，城市人文景观类
型丰富，地域特色鲜明。

二、近代开封城市人文景观存故与鼎新间的矛盾

近代，尤其是民国时期，开封城市人文景观存故与鼎新间的矛盾主要表现
为：传统景观的破坏，新式城市景观对传统景观的冲击，以及城市近代化影响
下的城市景观建设混乱现象。其原因主要有景观竞争、战争破坏、政府的错误

---

① 朱钧珍：《中国近代园林史》，北京：中国建筑工业出版社，2012年版，第98页。

决策、缺乏科学合理的城市规划，以及自然环境的影响。

（一）景观竞争

景观和人类社会一样存在着优胜劣汰的竞争机制，因而景观竞争力的变化加剧了景观存故与鼎新间的矛盾。一方面，这一时期，中国进入了城市转型发展的新阶段，具有近代化特征的景观开始占据主导地位。另一方面，随着中外文化交流的日益频繁，中国传统文化受到挑战，中国兴起了思想解放的潮流，西方文化开始逐渐被国人接受。

这一时期景观竞争的具体表现为：第一，具有西方文化色彩的景观增多。这一时期由于西方传教士大量涌入并开展传教活动，出现了大量西式宗教建筑景观。以基督教为例，从表5－1来看，近代开封市区内300人以上规模的正规教堂共有15处，民国时期修建的有10处。此外，开封天主教在这一时期也有所发展，理事厅教堂、河南总修院、美国本笃修女会等相继在开封建立。除了宗教建筑以外，教会在开封市区还兴办了一些学校及医院，例如静宜女中、福音医院等。这些机构的建筑大多采用西式风格，由外国人兴建。这种西式建筑在当时还没有得到广泛的认可，因而竞争力相对较小。第二，中西合璧式建筑景观大量出现。这一时期，随着中国留学生的大量归来，以及中西文化的融合，中西结合的建筑风格成为主流，这就对开封固有的景观形态造成了冲击。中西合璧式建筑因为既保留了东方建筑的特色，又吸收了西方的建筑元素，实用性强且美观，在当时具有强大的竞争力，容易被公众接受。近代城市公园的出现就是对中西合璧式建筑的最大认可。第三，传统景观的没落。随着中国近代化进程的逐渐递进，以中国古典文化为根基的传统景观失去了其原有的竞争力。传统的中式建筑逐渐被具有西洋色彩的建筑所代替，私家园林被具有近代文明特征的城市公园所取代，而作为典型传统建筑的部分宗教建筑景观，随着清王朝的覆灭，则陷入了被拆除或改为他用的处境。因而景观竞争力的变化是这一时期景观存故与鼎新矛盾的重要根源。

表5—1　近代时期开封市区教堂一览表

教会	名称	地点	始建时间	规模	现状
内地会	大纸坊街礼拜堂	大纸坊街	1902年	1000人	拆除
内地会	福音医院礼拜堂	医院前街	1908年	300人	拆除
圣公会	"三一"教堂	行宫角	1920年	1000人	拆除
圣公会	真理堂	医院前街	1931年	500人	开放
循理会	宋门里礼拜堂	自由路东段		1000人	扩建开放
循理会	宋门外礼拜堂	宋门关中街	1920年	500人	拆除
浸礼会	鸿恩堂	鼓楼街	1908年		出租
浸礼会	礼拜堂	金梁里	1920年	1000多人	拆除
浸礼会	友谊礼拜堂	南门大街	1926年	300人	拆除
浸礼会	施浸堂	南关大郭屯	1925年	1000人	迁建开放
浸礼会	进恩堂	法院街	1933年	300人	拆除
自立浸礼会	礼拜堂	北门大街	1932年	500人	开放
浸礼会	友谊礼拜堂	双龙巷街	1908年	200人	拆除
信义会	西门里礼拜堂	西门大街	1935年	200人	重建开放
自立会	礼拜堂	自立街	1920年	200人	拆除

（资料来源：《开封市志》第六册，第138页。）

（二）战争的破坏

战争是城市的最大杀手，战争对近代开封城市人文景观的影响主要有两方面：第一，战争对城市景观的破坏是永久性的，有些景观虽然能够在战后进行修复，但失去了其原有的历史价值和意义。例如开封鼓楼在1948年毁于战火，现今虽重建，但失去了景观的原有形态。第二，战争在破坏城市景观的同时，也加速了城市景观的更新。这一时期，很多平民住宅在战后重建中逐渐由传统的四合院式建筑向西式住宅过渡。1927年，开封在南关地区修建平民村、和平村，两村内的住宅建筑以简洁舒适的平房为主。这种住宅区是在战争不断、流民遍布的情况下建立的。因而，战争在很大程度上加速了近代开封城市人文景观的更替，但这既不是推动开封城市人文景观鼎新的主要力量，又带有浓郁的悲怆色彩。

（三）市政建设及政府干预

城市建设是在政府决策的指导下进行的，政府对城市的建设具有直接的掌控力，因而城市风貌的改变会受到政府决策的影响。冯玉祥主豫时期，颁布了大量的市政建设方针，这些市政建设方针的实行促进了开封城市的发展，但由于时代条件的限制，以及在今天看来各种并不科学的观念的影响，当时市政建设的完成是在破坏原有城市外貌形态下进行的。此外，政府的强行干预也激化了矛盾。冯玉祥为迅速有效地破除封建迷信，将市区内的大量寺庙，改建为学校。这种做法在一定程度上有效遏制了人们烧香拜佛的行为，但这类政策的实行，单从景观保护方面来看，破坏了历史遗留景观的形态，强行改变了城市的历史风貌。

（四）缺乏合理的城市规划

科学合理的城市规划是城市建设的导向仪，它能避免很多城市问题的产生，使城市能够更好地为民众服务。清末民国时期，由于国内局势动荡，统治者频繁更替，长期有效的城市规划根本无法实行，统治者大多根据当时的统治需要来建设城市，导致城市建设混乱，城市内部功能分区不够明确。民国初期，开封城市功能分区基本明确，后随着城区规模的扩大，以及工厂的兴建，城区内出现了工厂和居民区交错分布的情形。当时开封的棉纺织业大多分布于开封城区的街巷内，如第一贫民工厂位于今贡院旧址，第二贫民工厂位于今北羊市街，阜民工厂位于今东棚板街，模范工厂位于今贡院后铁塔附近，而这种现象的存在正是源于缺乏合理的城市规划，因陋就简，随意兴建。

（五）自然环境的影响

自然环境对人文景观的塑造具有一定作用，它影响着人文景观的结构、材料、内容、性质等。自然环境的差异塑造出不同的地理单元，形成了特色鲜明的人文景观。

自然环境对人文景观的影响主要体现在机械的物理影响以及化学的侵蚀作用。开封地处暖温带，四季分明，河流众多，旱涝灾害时有发生。清末民国时期，就发生了多次影响较大的洪涝灾害，如道光二十一年（1841）黄河水灾，光绪十年（1884）、光绪二十四年（1898）及 1924 年、1926 年、1931 年、1946 年的大雨成灾。此外，开封还遭受过旱灾、地震、风灾、虫灾、雹灾、雪灾等众多灾害，这些自然灾害对开封城市人文景观的存故与鼎新产生了重要影响。

三、当代开封城市人文景观保护面临的问题

城市历史遗迹是人类城市发展遗留下来的形体环境，从类别范围划分，包括建筑物、道路、广场、构筑物、建筑小品。[①] 构筑物包括城市的桥梁、城墙等。建筑小品主要指亭台、雕塑等。城市历史遗迹具有重要的历史见证价值、美学价值、情感寄托价值、教育价值、旅游价值等，因而当代城市历史遗迹类人文景观的保护问题得到广泛的关注。

一般而言，工业革命完成较早的发达国家较早地关注到了这一问题，并采取了相应措施。法国在 1840 年成立了历史管理局，1913 年颁布《历史古迹法》。我国对历史遗迹的保护起步较晚。1922 年，北京大学考古研究所的成立，标志着中国城市历史遗迹保护的开始。1930 年，国民政府颁布《古物保护法》。后对该法的 14 条内容进行完善，颁布《古物法细则》，并成立中央古物保管委员会。新中国成立后，我国的文物保护工作进入实质性阶段，国务院也随之颁布相应的法律法规。现今我国已形成历史建筑、历史地段、历史文化名城的三级保护体系，但相关法律法规依旧存在一些不足，我国的历史遗迹保护工作任重而道远。

开封作为国家首批历史文化名城，城内历史遗迹丰富。但现今开封的历史遗迹保护工作仍然面临很多问题，文物保护和城市建设间的矛盾始终存在。

（一）城市建设中历史遗迹的去留问题

历史遗迹现已成为相关城市的对外名片，但历史遗迹的去留问题依然是当代城市建设的难题之一。一方面，由于历史遗迹包含范围较广，地理覆盖范围广，相应增大了历史遗迹类景观的保护难度。另一方面，很多历史遗迹无法满足现代化生活的需要，使得很多历史建筑陷入冰冻式的保护以及被拆除或面临拆除的尴尬场面。此外，由于我国的相关法律尚未健全，公众对于历史遗迹景

---

① 参见魏向东、宋言奇：《城市景观》，北京：中国林业出版社，2006 年版。

观的保护尚未达成共识。而一些城市管理者片面追求眼前的经济利益，将大片的城区交由开发商处置，导致大量的历史遗迹遭受损毁。历史遗迹保存了一座城市的记忆，它奠定了城市历史文化的根基，一旦城市的文化根基被动摇，便会陷入"千城一面""故乡丧失"的危机。

城市发展是一个"新陈代谢"的过程，城市人文景观在发展中面临优胜劣汰的激烈角逐，因而历史建筑类景观的拆除有时也必不可免。面对这一问题，就要严格区分文物历史建筑和非文物历史建筑，有主次、有目的地进行保护和利用。我国的文物历史建筑主要指具有历史、科学、艺术价值，并与重大历史事件、革命运动、著名人物相关，具有一定纪念意义、教育意义、史料价值，能够反映一定历史时期和各民族的社会制度、社会生活的代表性建筑。现今，很多城市为保护老城面貌，纷纷建立新城，这种模式有效地保护了老城中的历史遗迹，同时也促进了城市发展。开封正在遵循这种模式，努力探索既建设新城又保护旧城的有效路径，这是可喜的事实。与此同时，老城的开发利用也在如火如荼地进行，存故与鼎新仍是必须直面的实际问题。

（二）历史遗迹开发及复原过程中的原真性问题

现今很多历史遗迹的开发都是为了发展当地的旅游业，带动当地经济发展，但这种过度商业化的模式使得历史遗迹失去了原真性。历史建筑是不可再生资源，过度开发，必然会对其产生不可逆的影响。梁思成先生认为："把一座历史建筑修得焕然一新，犹如把一些周鼎用桐油擦得油光晶亮一样，将严重损害其历史、艺术价值，采用'整旧如旧'的原则，是为了使历史建筑'老当益壮'，而不是'返老还童'。"[1]

随着开封旅游城市地位的确立，开封市政府正在逐年加大对旅游产业的投入。近年来，开封复原了一大批城市人文景观，例如开封府、清明上河园、城门、鼓楼等。这些复原的历史性景观从所取得的经济效益来看是成功的，但社会各界却对此褒贬不一。以鼓楼为例，复建的开封鼓楼地理位置并未改变，但

---

[1] 梁思成：《闲话文物建筑的重修与维护》，《梁思成文集》（四），北京：中国建筑工业出版社，1986 年版，第 331 页。

其景观外部形态却和老鼓楼有所区别，这就使得不少老开封人的情感受到了伤害，人们对新鼓楼"评头论足"。此外，珠玑巷在开封原文庙旧址上修建，具有浓郁的文化特色，但过浓的商业气息已使其失去了原本的历史文化氛围，其景观的原真性受到破坏。

四、城市人文景观视角下的开封历史文化名城保护策略

首先要明确城市定位。开封地处中原，地理位置优越，交通较为便利，但经济发展相对迟缓。在工业建设方面，新中国成立后，开封工业发展也曾有过短暂繁荣，但随着改革开放步伐的加快，以及企业所有制改革的深入推行，开封大批的国有企业倒闭，经济发展一度陷入困境。在农业发展方面，由于开封地处平原，人多地少，农业对于开封经济发展的支持力度相对较小。因而，开封城市的未来发展要更多依赖于第三产业，尤其是旅游业。开封是国家首批历史文化名城，历史文化深厚，景观时代跨度较长，人文景观类型丰富，具有发展旅游业的资源基础。近年来中国旅游业的快速发展，也为开封提供了新的发展机遇。目前，开封正在全力打造休闲度假旅游城市，这一更加明确的城市定位，将会为开封带来新的城市发展契机。

其次是保护为主，传承发展。发展让步于保护，其实是为了今后更好的发展。旅游发展要立足于一定的旅游景观及旅游资源，因此加强开封古城的保护势在必行。开封的旅游景观及历史遗迹主要集中于老城区，在老城区的旧城改造中，很多人文景观已消失，古城原有的整体性遭到破坏，因而城市建设和景观保护之间矛盾重重。为了解决这一矛盾，在城市建设中，应以保护为主，并坚持"保护第一，发展第二"的原则。开封现存历史遗迹众多，这些遗迹蕴含着丰富的历史文化，如"包公文化""杨家将文化"等。这些文化是开封文化遗产的重要组成部分，因而对这些文化的有效利用，一方面可以使中国的优秀文化得到传承，另一方面也可以丰富开封城市景观的文化内涵，扩大开封城市的影响力。所以，加强古城历史遗迹景观的保护，不仅可以为开封旅游发展提供更多的资源，同时也能够保持开封城市特色，避免陷入"千城一面"的危机。

五、近代开封城市人文景观与开封城市旅游发展

（一）近代开封城市人文景观的旅游发展现状

宋文化是开封旅游开发和发展的主题内容，同时也是开封旅游业的特色所在。但由于年代久远，且因黄河多次水患，不少宋代的历史遗迹被掩埋于地下，现存宋代历史人文景观数量相对较少，只能单纯依靠复建景观，这就会导致开封城市旅游资源单一，开发后劲不足。因此，近代，尤其是民国时期所保留的历史遗迹，将会成为未来开封城市旅游发展的新生力量。目前，开封经复建修整的具有民国风情的街道共有四条，分别为书店街、寺后街、鼓楼街、马道街。这四条街道主要围绕开封鼓楼呈十字散射状分布，现为开封的商业中心区。此外，近代人文景观多年来经社会各界的努力，有些已经或正在演变为旅游景点，如刘青霞故居、张钫故居、河南大学近代建筑群等。但就现状来看，近代的大部分人文景观还处于政府单一保护的阶段，很多具有历史价值、美学价值的人文景观尚未与旅游发生紧密联系，因而，未来开封近代城市人文景观的开发需与城市建设紧密相连，以此促进开封旅游业新的发展，找到新的增长点，打造城市旅游新亮点。

（二）近代开封城市人文景观的资源整合

首先是街巷人文景观的资源整合。开封一直都有"七角八巷七十二胡同"之说，胡同犹如一条条脉络，见证了开封城市的发展轨迹，是开封历史文化的重要组成部分。现今，开封依然保留着众多独具特色的胡同。这些胡同分布于开封市区的各个角落。但近年来，随着城市建设的深入，胡同的数量正在逐渐减少。为了保护和传承开封的胡同文化，有必要对开封市区内的胡同进行整合，将胡同内的人文景观有效地串联起来，使点和线有效结合，加以整体开发和利用。此外，开封胡同有着深厚的历史渊源，因而胡同文化资源的挖掘也是资源整合的重要组成部分。在这种整合下，开封必将形成"以胡同为基础，以文化为支撑"的街巷空间。

其次是建筑的整修利用。开封现今保留有大量的近代建筑，在保护这些点状分布的建筑景观的同时，如能有效利用，将会赋予这些建筑新的活力。但应

注意维持建筑原有的外貌，只能对建筑景观内部进行改装，切不可采取"剃头式"的推倒重来。如河南大学近代建筑群就采取此种方式，在维持原貌的基础上，对其建筑内部进行装修改造，使这些建筑实体成为"凝固的音乐"，突出了校园的景观文化特色。

（三）近代开封城市人文景观的开发方向

一是要优先发展近代无景点旅游。所谓无景点旅游，是与传统的景区（点）旅游相对应的，指到非旅游景区（点）进行的以轻松体验目的地文化、社会生活方式与民风为主的一种旅游。[①] 现今这种模式因舒适性、随意性、灵活性的特点广受推崇，同时它非常适应开封人文景观的分布特点，切合开封发展休闲度假旅游的主题。以胡同为例，开封胡同角巷众多，其中蕴含着丰富的文化旅游资源。无景点模式的开发只需要对胡同和角巷内的特色建筑进行保护和适当修复，例如名人故居、具有历史价值的宅院等，而对于一些早已破坏的著名建筑，可以用标识牌对其进行介绍。此外，开封胡同文化深厚，每一条胡同都有自己的故事，因此可加强胡同文化的开发宣传，以此强化开封胡同的文化根基。而胡同中隐藏的小吃和美食，也将增加开封胡同旅游的吸引力。开封胡同的无景点旅游开发，能够使游客真正品尝到老开封的"味道"，同时让体验者更加深入地去了解开封的市井百态及文化精髓，从而体味旅游的真正意义。

二是要重视易识别性、复杂性、差异性的景观开发。人文景观是城市展现自我的舞台，是城市面貌最直观的反映，同时也是城市旅游的物质载体，而是否具有识别性，是其人文景观价值的重要体现。城市人文景观的易识别性指人们容易认识和理解的城市各部分人文景观的特性。具有辨识性的景观，能够使旅游者快速确认自己所处的环境，给旅游者带来心理上的安全感，同时也能够使旅游者有效安排旅游活动，从而加深对旅游城市的理解和认识。复杂性是指城市人文景观的多样性和丰富性。因为过于单一的城市人文景观往往会使旅游活动枯燥无味，而相对复杂的城市人文景观往往能集聚更多的目光，使旅游者

---

① 参见董红梅：《无景点旅游对我国旅游景区开发的启示》，载《商业时代》，2008 年第 18 期。

产生好奇心，从而激发其旅游的动机。近代汉口租界内的江汉路是武汉闻名遐迩的商业步行街，不仅特色建筑众多，且将购物、休闲、娱乐、旅游等融为一体，街头的江汉关大楼现被改为博物馆，其东南与长江仅一路之隔。现今江汉路步行街不仅是商业街区，也是旅游者必去的传统历史街区。差异性是指城市人文景观所蕴含的独特性。城市人文景观的差异性，是为了更好地保护城市特色，从而为旅游者提供多样性的旅游体验，增强景观的吸引力。

开封近代旅游资源的开发尚处于起步阶段，具有易识别性、复杂性、差异性的人文景观尚且不多，因而需在开发时注重三者的统一。以河南大学校园旅游为例，河南大学近代建筑群规模宏大，具有一定的历史文化内涵，且建筑景观较为集中，但由于缺乏一定的识别性和复杂性，校园旅游开发尚且存在一定的难度。刘青霞故居现已被开发为旅游景点，但这种具有教育意义的"名人故居式"开发模式过于单一，导致旅游者较少。针对这种情况，可以适当增加一些图片、书画展览等，增强遗迹的历史文化感知性，从而丰富旅游者的旅游活动。而对于一些正在修复、改建的城市景观，在建设初期，就应将易识别性、复杂性、差异性有效地融入景观的建设中。

三是要着手近代旅游空间带的构造。现今开封在郑汴一体化的带动下，正在全力打造宋都文化产业园区。此规划囊括了开封市区内所有的景区和景观，园区的空间规划布局为"一城两环八区"。一城是指将设计外围周长13千米的老城区建成宋文化主题公园；两环分别指以城墙为主的休闲开放式环城风光带、"六河连五湖串十景"的旅游商业文化景观带（开封水系工程）；八区分别指龙亭宫廷文化区，开封府、包公祠府衙文化区，大相国寺、延庆观、铁塔公园宗教文化区，鼓楼田字块商业文化区，双龙巷、刘家胡同民俗文化区，清明上河城启动区，"城摞城"遗址博物馆产业区，收藏文化产业区（小宋城文商旅综合体）。但在八个区划中，近代，尤其是民国时期文化特色没有得到有效凸显。近代作为开封历史的重要组成部分，且有多处人文景观遗存，未来如能对此时期景观进行有效的开发利用，宋都文化产业园区的规模必将进一步扩大，开封的旅游影响力也会进一步提高，因而构建近代旅游空间带势在必行。

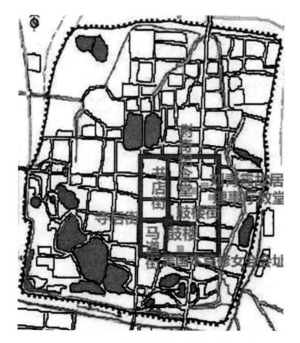

图5-2　民国人文景观空间带

构建以民国风为特色的近代旅游空间，在一定程度上能够增加城市的层次感和厚重感，同时也能有效整合旅游资源。开封近代旅游空间带的构造主要以鼓楼为中心向外延伸（如图5-2所示），粗线条方框内为主要旅游空间，涵盖了以鼓楼为中心的清真寺、名人故居、胡同等，以及书店街、马道街、鼓楼街、寺后街等历史街区。此空间带集商业、交通中心、古城夜市等于一体，使游客能够产生多种旅游体验，从而满足游客的多种需求。

本章小结

研究近代开封城市人文景观存故与鼎新的状况，对于现今开封城市发展有着重要的启示作用。本章首先从近代开封城市人文景观的特点，以及存故与鼎新间的矛盾入手，深入分析了景观竞争、战争等因素对此矛盾的影响。其次对时下开封城市人文景观保护与更新中的存留及原真性问题展开探讨。然后从城市人文景观的视角出发，提出当代开封城市定位及保护的策略。最后，结合开封城市人文景观的自身特点，对未来开封城市人文景观的旅游开发提出一些建议。

结　语

近代这一历史时段不算很长，但在数千年的中国城市发展史中属于萌发异彩的时代，除了中国传统人文景观的赓续发展外，由于时代的演进、社会的发展、社会需求的变化，城市建设被提到"建国方略""民生主义"的新高度，城市人文景观发展以一种新的形态进入一个新的时代。

通过正文中对近代开封城市人文景观各方面的论述可以看出，近代开封城市人文景观在建筑、街巷、交通、园林等方面呈现出了不同以往的变化。近代开封城市人文景观存故与鼎新的变化发展，具有浓郁的时代特色，它深刻诠释了开封的近代化进程和城市发展成果，为开封现代城市人文景观发展奠定了基础，也为现今开封旅游业的蓬勃发展提供了动力。城市人文景观的存故保留了城市的文化根基，增加了城市历史的厚重感。而城市人文景观的鼎新，则表明近代开封逐渐加入近代城市革新的浪潮。但近代开封城市人文景观的变化是伴随着社会改革进行的，因而景观竞争、动荡的政局、战争的破坏、外来文化的侵略等势必会导致存故与鼎新景观间的矛盾，进而使得近代开封城市人文景观呈现出中西交融、近代化发展、时代特色鲜明等特点。此外，固有的地域文化传统和西方外来文化的冲击，也使得存故景观和鼎新景观在地理分布上形成集聚与分散的强烈对比。因此，研究近代开封城市人文景观，一方面有助于我们更清楚和客观地了解彼时开封城市人文景观的变化，另一方面也有助于揭示今日开封城市人文景观的变化特点，了解景观存故与鼎新的矛盾，从而把握未来开封城市人文景观保护、建设及旅游发展的方向。只有真正了解这座城市的过去，才能更好地把握这座城市发展的未来。

参考资料

班固. 汉书. 北京：中华书局，1962.

曹新向. 开封市水域景观格局演变研究. 开封：河南大学，2004.

程子良，李清银. 开封城市史. 北京：社会科学文献出版社，1993.

仇玉莹. 开封市国民革命军阵亡将士纪念塔及其周边环境的保护与利用研究. 开封：河南大学，2019.

戴代新，戴开宇. 历史文化景观的再现. 上海：同济大学出版社，2009.

单远慕. 开封史话. 北京：中华书局，1983.

邓实. 政艺丛书. 光绪二十九年铅印本.

丁学文. 开封市房地产志. 开封市房地产管理局内部资料，1988.

杜启明. 中原文化大典·文物典·建筑. 郑州：中州古籍出版社，2008.

范莅. 开封近代历史性建筑的保护与利用. 开封：河南大学，2011.

冯玉祥. 冯玉祥自传. 北京：军事科学出版社，1988.

弗兰姆普敦. 现代建筑：一部批判的历史. 张钦楠，等译. 北京：生活·读书·新知三联书店，2004.

谷应泰. 明史纪事本末. 北京：中华书局，1977.

郭书学，等. 开封风物大观. 郑州：中州古籍出版社，1992.

河南建筑史志编辑部. 河南建筑史志. 内部资料，1993.

河南近代建筑史编辑委员会. 河南近代建筑史. 北京：中国建筑工业出版社，1995.

河南省建设厅. 河南建设概况. 内部资料，1933.

河南省政府统计处. 河南省省会开封二十年度统计. 内部资料，1931.

河南省政府宣传处. 开封新建设一览. 内部资料，1928.

计六奇. 明季北略. 北京：中华书局，1984.

开封车务段志编纂委员会. 开封车务段志（1910—1987）. 内部资料，1992.

开封石油商业志编纂委员会. 开封石油商业志. 郑州：河南人民出版社，1994.

开封市城建志编辑部. 开封市城建志. 北京：测绘出版社，1989.

开封市地方史志办公室. 开封人物志. 郑州：中州古籍出版社，2017.

开封市地方史志办公室. 康熙开封府志点校. 郑州：中州古籍出版社，2018.

开封市地方史志编纂委员会. 开封简志. 郑州：河南人民出版社，1988.

开封市地方志编纂委员会. 开封市志. 北京：北京燕山出版社，1999.

开封市黄河志编辑室. 开封市黄河志. 内部资料，1991.

开封市交通志编纂委员会. 开封市交通志. 北京：人民交通出版社，1994.

开封市教育志编辑室. 开封市教育志. 郑州：中州古籍出版社，1991.

开封市劳动局. 开封市劳动志. 郑州：河南人民出版社，1989.

开封市民政局. 开封市民政志. 内部资料，1995.

开封市南关区地方史志编纂委员会. 开封市南关区志. 内部资料，1999.

开封市图书馆. 开封图书馆志（1904—1985）. 内部资料，1988.

开封市土地房屋管理局. 开封市土地志. 郑州：中州古籍出版社，1999.

开封市卫生局. 开封市卫生志. 郑州：河南人民出版社，1990.

开封市祥符区地方史志办公室. 清光绪二十四年新修祥符县志整理本. 内部资料，2015.

开封市政协文史资料委员会. 开封文史资料（第十一辑），内部资料，1991.

开封糖烟酒志编辑室. 开封糖烟酒志. 内部资料，1986.

开封县教育志编纂委员会. 开封县学校志. 内部资料，2003.

开封县志编纂委员会. 开封县志. 郑州：中州古籍出版社，1992.

乐史. 太平寰宇记. 北京：中华书局，2009.

李滨. 河南图书馆书目. 宣统元年铅印本.

李长傅. 汴梁识小. 开封：河南大学出版社，2011.

李长傅. 开封历史地理. 北京：商务印书馆，1958.

李村人. 开封名胜古迹散记. 郑州：河南人民出版社，1957.

李景文. 河南大学图书馆史. 开封：河南大学出版社，2008.

李濂. 汴京遗迹志. 北京：中华书局，1999.

李心传. 建炎以来系年要录. 北京：中华书局，2013.

李旭旦. 人文地理学. 上海：中国大百科全书出版社，1984.

李于潢. 汴宋竹枝词. 河南官书局三怡堂丛书本.

李元俊. 冯玉祥在开封. 开封：河南大学出版社，1995.

李岳瑞. 春冰室野乘. 上海：世界书局，1929.

梁思成. 梁思成文集（第四册）. 北京：中国建筑工业出版社，1986.

林传甲. 大中华河南省地理志.（出版地不详）武学书馆，1920.

刘春迎. 揭秘开封城下城. 北京：科学出版社，2009.

刘春迎. 考古开封. 开封：河南大学出版社，2006.

刘顺安. 开封地方史志汇编·开封城墙. 北京：北京燕山出版社，2003.

刘亚丽. 开封书店街历史街区保护与更新研究. 长春：吉林建筑大学，2014.

刘易斯·芒福德. 城市发展史——起源、演变和前景. 倪文彦，宋俊岭，译.
   北京：中国建筑工业出版社，1989.

留香书屋主人. 河南全省地理择要. 光绪丙午古邺留香书屋刻本.

马灵泉. 相国寺. 开封教育实验区内部资料，1934.

马庆海. 开封物价志. 郑州：河南人民出版社，1990.

毛德富. 百年记忆——河南文史资料大系（经济卷·卷二）. 郑州：中州古籍
   出版社，2014.

丘刚. 开封考古发现与研究. 郑州：中州古籍出版社，1998.

屈春山，张鸿声. 老开封：汴梁旧事. 郑州：河南人民出版社，2005.

史挥戈，吴腾凰. 蒋光慈与读书. 济南：明天出版社，2001.

司马迁. 史记. 北京：中华书局，1959.

孙盛楠. 从历史水系变迁看开封城市特色塑造. 郑州：河南农业大学，2014.

田惠娟. 河南开封地区近代公共建筑研究. 长沙：湖南大学，2008.

田肖红，黄勇. 巍峨奇观：开封繁塔. 开封：河南大学出版社，2003.

痛定思痛居士. 汴梁水灾纪略. 李景文，王守忠，李湍波，点校. 开封：河南
   大学出版社，2006.

脱脱，等. 金史. 北京：中华书局，1975.

脱脱，等. 宋史. 北京：中华书局，1976.

王爱功，张松道. 河南省图书馆百年. 长春：吉林文史出版社，2009.

王命钦. 开封商业志. 郑州：中州古籍出版社，1994.

王兴中. 旅游资源景观论. 西安：陕西科学技术出版社，1990.

王云路. 管子译注. 南宁：广西人民出版社，1995.

魏收. 魏书. 北京：中华书局，1974.

魏向东，宋言奇. 城市景观. 北京：中国林业出版社，2005.

吴翠燕. 区域旅游景观偏好研究——以沈阳为研究区域. 长春：沈阳师范大
    学，2007.

吴幹青，赵耕莘. 开封城市一瞥. （出版地不详）河南审美书局，1932.

吴世勋. 河南. 上海：中华书局，1927.

武明军. 明清开封城市研究. 开封：河南大学，2015.

熊伯履，井鸿钧. 开封市胜迹志. 郑州：河南人民出版社，1958.

徐松. 宋会要辑稿. 北京：中华书局，1957.

姚建新，李瑞谋，桑雁兵. 开封市公路志. 北京：中国广播电视出版
    社，2003.

佚名. 如梦录. 孔宪易，校注. 郑州：中州古籍出版社，1984.

伊永文. 东京梦华录笺注. 北京：中华书局，2006.

俞孔坚，李迪华. 城市景观之路：与市长们交流. 北京：中国建筑出版
    社，2003.

曾克. 春华秋实——开封北仓女中回忆录. 郑州：河南人民出版社，1985.

詹海燕. 铭记历史——中国·开封抗战史特辑. 北京：线装书局，2015.

张明亮. 1988～2002年开封城市景观格局变化研究. 开封：河南大学，2004.

赵家珍. 开封民族宗教志. 香港：天马图书有限公司，2000.

赵佩. 开封大事记. 郑州：河南人民出版社，1990.

郑州铁路分局开封工务段. 开封工务段志（1905—1986）. 内部资料，1989.

中国近代兵器工业档案史料编委会. 中国近代兵器工业档案史料. 北京：兵器
    工业出版社，1993.

中国曲艺志河南卷编辑部. 河南曲艺志史资料汇编. 内部资料，1989.

中国人民解放军华北军区政治部. 解放开封. 内部资料，1948.

周宝珠. 宋代东京研究. 开封：河南大学出版社，1992.

周学雷. 明代开封城市景观价值研究. 郑州：郑州大学，2004.

朱钧珍. 中国近代园林史（上篇）. 北京：中国建筑工业出版社，2012.

庄文亚. 全国文化机关一览. 世界文化合作中国协会筹备委员会内部资料，1934.

邹鸣鹤. 世忠堂文集. 同治二年刻本.

后　记

　　2007年9月，有朋友看到学校硕士生导师评选结果，告诉我我入选中国历史地理学方向硕士研究生导师的消息。2014年4月，学院通知我参加研究生招生面试，因故未能前往。后听同事说，招了一个历史地理学方向的学生，但我当时并未在意。同年9月初，我正在准备本科生课程，一个同学打电话过来，说是我今年的研究生。自评上导师至今，学校一直没有招考历史地理学研究生，多年来已不再留意，故她此说，我颇为意外。就这样，我招收的第一个硕士研究生高青青入学了。

　　高青青勤奋踏实、学习努力，每次都能认真完成老师布置的任务。第二学期初，她需要确定毕业论文选题。她是开封人，颇有家乡情怀，有意选择与本地有关的研究题目，我针对她的情况给出了一些建议。过了一段时间，她说结合她的本科专业旅游管理和我的博士论文选题时段，觉得选择"民国时期开封城市景观研究"较为合适。我听后，觉得挺好，选题就这么定下来了。我建议她加快进度，争取在二年级下学期结束时完成初稿。

　　经过一段时间的资料收集等准备工作，2015年10月，我邀请吴朋飞、赵广军、梁万斌、赵炳清等几位老师，先为高青青组织了一次开题报告会，老师们提出了许多很有价值的论文写作意见。此后进入论文写作阶段。同年11月底，中国历史文献学年会在武夷学院举行，我代她投稿，并问她是否愿意一起参会，顺便去福建做一次历史地理考察，后因她家中有事，我的科研经费亦不足，故未成行。

　　2016年是该论文写作的关键一年。在写作中，高青青意识到"城市景观"范围较大，不好把握，于是将范围缩小至"城市人文景观"。截至2016年6月底，论文写作进度缓慢。下半年，她开始面临写论文与考博、找工作的三重问题，写作进度更慢。学院组织了一次统一的论文开题报告会，她与其他方向的同学一起参与，我没有参加。

2017年2月底，论文初稿完成，随后是近三个月的修改。5月，河南省教育厅人文社科项目申报通知下达，我建议青青以"近代（1840—1949）开封城市人文景观研究"为题申报课题，如能立项，毕业论文经过修改后，应该可以出版。她写了初稿，经我修改后上报，而后她通过了学院组织的学位论文预答辩。5月底，论文经匿名外审通过后，学校组织了正式答辩，郑州大学陈隆文老师欣然前来担任答辩委员会主席，河南理工大学的鲁延昭老师也应邀参加，与本校的赵广军、柳岳武、赵炳清几位老师一起组成答辩委员会。青青的答辩获得通过。

2017年9月，"近代（1840—1949）开封城市人文景观研究"获批省教育厅重点项目。我向青青说明了立项情况，并告诉她需要增加晚清部分。过了一段时间，她告诉我愿意接着完成晚清部分。

2019年秋天，青青告诉我由于教学及家庭事务繁重，晚清部分只写了很少的内容，而其时她的身体状况已不适宜继续从事繁重的写作，于是我接过写作的任务，并询问她是否可以把已写的内容和收集的有关资料传送给我。过了一段时间，她给我传送了六七部资料。

2020年3月，青青告诉我，她的笔记本电脑坏了，暂时没有办法修，文档和资料没法传送。结项时间快到了，我开始收集资料，动手写作。

2021年，经过一年多的收集整理，晚清部分的写作完成。随后，我对青青的硕士论文进行全面修改。11月初，终于定稿。12月初，学院拟资助出版一批图书，我征得青青同意后，将书稿上报并获得批准。申请出版经费事宜是2020级硕士生晏依林代办的，在此一并致谢。

书稿大量参考、引用了前辈和同侪的研究成果，资料出处皆有所注明，在此对相关学者深表谢意和敬意。书稿的主体部分是高青青的硕士学位论文，由我最后定稿。由于个人的学识有限，书中或有不足甚至舛误，恳请专家学者指正。

张保见

2022年3月15日于开封武夷寓所